steckbrie

W0469425

Name..

Vorname..

Straße...

Wohnort..

Telefon..

Blutgruppe .... Rhesusfaktor.................

Im Notfall zu benachrichtigende Personen:

....

....

....

Der ÖkoKalender 2025 wird herausgegeben von

ROBIN WOOD e.V.
Bremer Str. 3, 21073 Hamburg, Tel.: 040 380892-0
Spendenkonto: Sozialbank Hannover
BLZ 251 205 10, Konto-Nr. 84 555 00
BIC: BFS WDE 33 HAN, IBAN: DE13 2512 0510 0008 4555 00
www.robinwood.de

Redaktion: Dr. Christiane Weitzel, Angelika Krumm
Titelbild: Ute Bertrand

Produktinformation:

Der Text ist auf Recyclingpapier (Circlematt) gedruckt, das zu 100 Prozent aus Altpapier hergestellt wurde. Das Papier besitzt den Blauen Engel.

Die Druckfarben (Ökoplus-Serie der Firma Epple) wurden auf pflanzlicher Basis hergestellt.

Der Umschlag ist mit einer umweltfreundlichen Schutzfolie aus Polyethylen überzogen, die keine Chloratome enthält und deshalb beim eventuellen Verbrennen keine Dioxine entstehen lässt.
Der Kalender ist fadengeheftet, damit auch bei Dauerbelastung keine fliegenden Blätter entstehen.

Alle Angaben wurden sorgfältig recherchiert, Verlag, Autoren und Herausgeber können für die Richtigkeit und Vollständigkeit jedoch keine Haftung übernehmen.

Druck: AZ Druck und Datentechnik GmbH, Kempten

© Harms Verlag, www.harms-verlag.de; E-Mail: info@harms-verlag.de

ISBN 978-3-86026-319-8

Inhalt

Kalendarium

Berichte & Infos

Wichtige Adressen

Kalender 2024

Januar					
Mo	1	8	15	22	29
Di	2	9	16	23	30
Mi	3	10	17	24	31
Do	4	11	18	25	
Fr	5	12	19	26	
Sa	6	13	20	27	
So	7	14	21	28	
Wo	01	02	03	04	05

Februar					
Mo		5	12	19	26
Di		6	13	20	27
Mi		7	14	21	28
Do	1	8	15	22	29
Fr	2	9	16	23	
Sa	3	10	17	24	
So	4	11	18	25	
Wo	05	06	07	08	09

März					
Mo		4	11	18	25
Di		5	12	19	26
Mi		6	13	20	27
Do		7	14	21	28
Fr	1	8	15	22	29
Sa	2	9	16	23	30
So	3	10	17	24	31
Wo	09	10	11	12	13

April					
Mo	1	8	15	22	29
Di	2	9	16	23	30
Mi	3	10	17	24	
Do	4	11	18	25	
Fr	5	12	19	26	
Sa	6	13	20	27	
So	7	14	21	28	
Wo	14	15	16	17	18

Mai					
Mo		6	13	20	27
Di		7	14	21	28
Mi	1	8	15	22	29
Do	2	9	16	23	30
Fr	3	10	17	24	31
Sa	4	11	18	25	
So	5	12	19	26	
Wo	18	19	20	21	22

Juni					
Mo		3	10	17	24
Di		4	11	18	25
Mi		5	12	19	26
Do		6	13	20	27
Fr		7	14	21	28
Sa	1	8	15	22	29
So	2	9	16	23	30
Wo	22	23	24	25	26

Juli					
Mo	1	8	15	22	29
Di	2	9	16	23	30
Mi	3	10	17	24	31
Do	4	11	18	25	
Fr	5	12	19	26	
Sa	6	13	20	27	
So	7	14	21	28	
Wo	27	28	29	30	31

August					
Mo		5	12	19	26
Di		6	13	20	27
Mi		7	14	21	28
Do	1	8	15	22	29
Fr	2	9	16	23	30
Sa	3	10	17	24	31
So	4	11	18	25	
Wo	31	32	33	34	35

September						
Mo		2	9	16	23	30
Di		3	10	17	24	
Mi		4	11	18	25	
Do		5	12	19	26	
Fr		6	13	20	27	
Sa		7	14	21	28	
So	1	8	15	22	29	
Wo	35	36	37	38	39	

Oktober					
Mo		7	14	21	28
Di	1	8	15	22	29
Mi	2	9	16	23	30
Do	3	10	17	24	31
Fr	4	11	18	25	
Sa	5	12	19	26	
So	6	13	20	27	
Wo	40	41	42	43	44

November					
Mo		4	11	18	25
Di		5	12	19	26
Mi		6	13	20	27
Do		7	14	21	28
Fr	1	8	15	22	29
Sa	2	9	16	23	30
So	3	10	17	24	
Wo	44	45	46	47	48

Dezember						
Mo		2	9	16	23	30
Di		3	10	17	24	31
Mi		4	11	18	25	
Do		5	12	19	26	
Fr		6	13	20	27	
Sa		7	14	21	28	
So	1	8	15	22	29	
Wo	48	49	50	51	52	01

Kalender 2025

Januar					
Mo		6	13	20	27
Di		7	14	21	28
Mi	1	8	15	22	29
Do	2	9	16	23	30
Fr	3	10	17	24	31
Sa	4	11	18	25	
So	5	12	19	26	
Wo	01	02	03	04	05

Februar					
Mo		3	10	17	24
Di		4	11	18	25
Mi		5	12	19	26
Do		6	13	20	27
Fr		7	14	21	28
Sa	1	8	15	22	
So	2	9	16	23	
Wo	05	06	07	08	09

März						
Mo		3	10	17	24	31
Di		4	11	18	25	
Mi		5	12	19	26	
Do		6	13	20	27	
Fr		7	14	21	28	
Sa	1	8	15	22	29	
So	2	9	16	23	30	
Wo	09	10	11	12	13	14

April					
Mo		7	14	21	28
Di	1	8	15	22	29
Mi	2	9	16	23	30
Do	3	10	17	24	
Fr	4	11	18	25	
Sa	5	12	19	26	
So	6	13	20	27	
Wo	14	5	16	17	18

Mai					
Mo		5	12	19	26
Di		6	13	20	27
Mi		7	14	21	28
Do	1	8	15	22	29
Fr	2	9	16	23	30
Sa	3	10	17	24	31
So	4	11	18	25	
Wo	18	19	20	21	22

Juni						
Mo		2	9	16	23	30
Di		3	10	17	24	
Mi		4	11	18	25	
Do		5	12	19	26	
Fr		6	13	20	27	
Sa		7	14	21	28	
So	1	8	15	22	29	
Wo	22	23	24	25	26	27

Juli					
Mo		7	14	21	28
Di	1	8	15	22	29
Mi	2	9	16	23	30
Do	3	10	17	24	31
Fr	4	11	18	25	
Sa	5	12	19	26	
So	6	13	20	27	
Wo	27	28	29	30	31

August					
Mo		4	11	18	25
Di		5	12	19	26
Mi		6	13	20	27
Do		7	14	21	28
Fr	1	8	15	22	29
Sa	2	9	16	23	30
So	3	10	17	24	31
Wo	31	32	33	34	35

September					
Mo	1	8	15	22	29
Di	2	9	16	23	30
Mi	3	10	17	24	
Do	4	11	18	25	
Fr	5	12	19	26	
Sa	6	13	20	27	
So	7	14	21	28	
Wo	36	37	38	39	40

Oktober					
Mo		6	13	20	27
Di		7	14	21	28
Mi	1	8	15	22	29
Do	2	9	16	23	30
Fr	3	10	17	24	31
Sa	4	11	18	25	
So	5	12	19	26	
Wo	40	41	42	43	44

November					
Mo		3	10	17	24
Di		4	11	18	25
Mi		5	12	19	26
Do		6	13	20	27
Fr		7	14	21	28
Sa	1	8	15	22	29
So	2	9	16	23	30
Wo	44	45	46	47	48

Dezember					
Mo	1	8	15	22	29
Di	2	9	16	23	30
Mi	3	10	17	24	31
Do	4	11	18	25	
Fr	5	12	19	26	
Sa	6	13	20	27	
So	7	14	21	28	
Wo	49	50	51	52	01

Kalender 2026

Januar					
Mo		5	12	19	26
Di		6	13	20	27
Mi		7	14	21	28
Do	1	8	15	22	29
Fr	2	9	16	23	30
Sa	3	10	17	24	31
So	4	11	18	25	
Wo	01	02	03	04	05

Februar					
Mo		2	9	16	23
Di		3	10	17	24
Mi		4	11	18	25
Do		5	12	19	26
Fr		6	13	20	27
Sa		7	14	21	28
So	1	8	15	22	
Wo	05	06	07	08	09

März						
Mo		2	9	16	23	30
Di		3	10	17	24	31
Mi		4	11	18	25	
Do		5	12	19	26	
Fr		6	13	20	27	
Sa		7	14	21	28	
So	1	8	15	22	29	
Wo	09	10	11	12	13	14

April					
Mo		6	13	20	27
Di		7	14	21	28
Mi	1	8	15	22	29
Do	2	9	16	23	30
Fr	3	10	17	24	
Sa	4	11	18	25	
So	5	12	19	26	
Wo	14	15	16	17	18

Mai					
Mo		4	11	18	25
Di		5	12	19	26
Mi		6	13	20	27
Do		7	14	21	28
Fr	1	8	15	22	29
Sa	2	9	16	23	30
So	3	10	17	24	31
Wo	18	19	20	21	22

Juni					
Mo	1	8	15	22	29
Di	2	9	16	23	30
Mi	3	10	17	24	
Do	4	11	18	25	
Fr	5	12	19	26	
Sa	6	13	20	27	
So	7	14	21	28	
Wo	23	24	25	26	27

Juli					
Mo		6	13	20	27
Di		7	14	21	28
Mi	1	8	15	22	29
Do	2	9	16	23	30
Fr	3	10	17	24	31
Sa	4	11	18	25	
So	5	12	19	26	
Wo	27	28	29	30	31

August						
Mo		3	10	17	24	31
Di		4	11	18	25	
Mi		5	12	19	26	
Do		6	13	20	27	
Fr		7	14	21	28	
Sa	1	8	15	22	29	
So	2	9	16	23	30	
Wo	31	32	33	34	35	36

September					
Mo		7	14	21	28
Di	1	8	15	22	29
Mi	2	9	16	23	30
Do	3	10	17	24	
Fr	4	11	18	25	
Sa	5	12	19	26	
So	6	13	20	27	
Wo	36	37	38	39	40

Oktober					
Mo		5	12	19	26
Di		6	13	20	27
Mi		7	14	21	28
Do	1	8	15	22	29
Fr	2	9	16	23	30
Sa	3	10	17	24	31
So	4	11	18	25	
Wo	40	41	42	43	44

November						
Mo		2	9	16	23	30
Di		3	10	17	24	
Mi		4	11	18	25	
Do		5	12	19	26	
Fr		6	13	20	27	
Sa		7	14	21	28	
So	1	8	15	22	29	
Wo	44	45	46	47	48	49

Dezember					
Mo		7	14	21	28
Di	1	8	15	22	29
Mi	2	9	16	23	30
Do	3	10	17	24	31
Fr	4	11	18	25	
Sa	5	12	19	26	
So	6	13	20	27	
Wo	49	50	51	52	53

Feste und Feiertage

Die beweglichen Feste

	2024	2025	2026	2027	2028
Ostersonntag	31.03.	20.04.	05.04.	28.03.	16.04
Christi Himmelfahrt	09.05.	29.05.	14.05.	06.05.	25.05.
Pfingstsonntag	19.05.	08.06.	24.05.	16.05.	04.06.
Fronleichnam	30.05.	19.06.	04.06.	27.06.	15.06.
Buß- und Bettag	20.11.	19.11.	18.11.	17.11.	22.11.
1. Advent	01.12.	30.11.	29.11.	28.11.	03.12.
Heilligabend	Di	Mi	Do	Fr	So

Gesetzliche Feiertage in Deutschland im Jahre 2025

1.1.: Neujahr, 6.1.: Heilige Drei Könige (Baden-Württemberg, Bayern, Sachsen-Anhalt), 18.4.: Karfreitag, 21.4.: Ostermontag, 1.5.: Maifeiertag, 29.5.: Christi Himmelfahrt, 8.6.: Pfingstmontag, 20.6.: Fronleichnam (Baden-Württemberg, Bayern, Hessen, Nordrhein-Westfalen, Rheinland-Pfalz, Saarland, Sachsen teilw., Thüringen teilw.), 15.8.: Mariä Himmelfahrt (Bayern teilw., Saarland), 3.10.: Tag der Deutschen Einheit, 31.10.: Reformationstag (Brandenburg, Hamburg, Mecklenburg-Vorpommern, Niederachsen, Sachsen, Sachsen-Anhalt, Schleswig-Holstein, Thüringen), 1.11.: Allerheiligen (Baden-Württemberg, Bayern, Nordrhein-Westfalen, Rheinland-Pfalz, Saarland), 19.11.: Buß- und Bettag (Sachsen), 25. u. 26.12.: Weihnachten.

Schulferien 2025

Deutschland	Weihn. 24/25	Winter 2025	Ostern 2025	Pfingsten 2025
Baden-Württ.	23.12.-04.01.	–	14.04.-26.04.	10.06.-20.06.
Bayern	23.12.-03.01.	03.03.-07.03	14.04.-25.04.	10.06.-20.06.
Berlin	23.12.-31.12.	03.02.-08.02.	14.04.-25.04.	10.06.
Brandenburg	23.12.-31.12.	03.02.-08.02.	14.04.-25.04.	10.06.
Bremen	23.12.-04.01.	03.02.-04.02.	07.04.-19.04.	10.06.
Hamburg	20.12.-03.01.	31.01.	10.03.-21.03.	21.5.-30.05.
Hessen	23.12.-10.01.	–	07.04.-21.04.	–
Mecklenb.-Vorp.	23.12.-06.01.	03.02.-14.02.	14.04.-23.04.	06.06.-10.06.
Niedersachsen	23.12.-04.01.	03.02.-04.02.	07.04.-19.04.	10.06.
Nordrhein-Westf.	23.12.-06.01.	–	14.04.-26.04.	10.06.
Rheinland-Pfalz	23.12.-08.01.	–	14.04.-25.04.	–
Saarland	23.12.-03.01.	24.02.-04.03.	14.04.-25.04.	–
Sachsen	23.12.-03.01.	17.02.-01.03.	18.04.-25.04.	–
Sachsen-Anhalt	23.12.-04.01.	27.01.-31.01.	07.04.-19.04.	30.05.
Schleswig-Holst.	19.12.-07.01.	–	11.04.-25.04.	30.05
Thüringen	23.12.-03.01.	03.02.-08.02.	07.04.-19.04.	30.05.

Deutschland	Sommer 2025	Herbst 2025	Weihn. 25/26	Winter 2026
Baden-Württ.	31.07.-13.09.	27.10.-31.10.	22.12.-05.01.	–
Bayern	01.08.-15.09.	03.-07.11.,19.11.	22.12.-05.01.	16.02.-20.02.
Berlin	24.07.-06.09.	20.10.-01.11.	22.12.-02.01.	02.02.-07.02.
Brandenburg	24.07.-06.09.	20.10.-01.11.	22.12.-02.01.	02.02.-07.02.
Bremen	03.07.-13.08.	13.10.-25.10.	22.12.-05.01.	02.02.-03.02.
Hamburg	24.07.-03.09.	20.10.-31.10.	17.12.-02.01.	30.01.
Hessen	07.07.-15.08.	06.10.-18.10.	22.12.-10.01.	–
Mecklenb.-Vorp.	28.07.-06.09.	20.10.-25.10.	22.12.-05.01.	09.02.-20.02.
Niedersachsen	03.07.-13.08.	13.10.-25.10.	22.12.-05.01.	02.02.-03.02.
Nordrhein-Westf.	14.07.-26.08.	13.10.-25.10.	22.12.-06.01.	–
Rheinland-Pfalz	07.07.-15.08.	13.10.-24.10.	22.12.-07.01.	–
Saarland	07.07.-14.08.	13.10.-24.10.	22.12.-02.01.	16.02.-20.02.
Sachsen	28.06.-08.08.	06.10.-18.10.	22.12.-02.01.	09.02.-21.02.
Sachsen-Anhalt	28.07.-06.09.	13.10.-25.10.	22.12.-05.01.	31.01.-06.02.
Schleswig-Holst.	28.07.-06.09.	20.10.-30.10.	19.12.-06.01.	02.02.-03.02
Thüringen	28.06.-08.08.	06.10.-18.10.	22.12.-03.01.	16.02.-21.02.

Österreich	Semester 2025	Ostern 2025	Pfingsten 2025
Burgenland/Salzburg	10.02.-16.02.	12.04.-21.04.	07.06.-09.06.
Kärnten/Tirol/Vorarlberg	10.02.-16.02.	12.04.-21.04.	07.06.-09.06.
Niederösterreich, Wien	03.02.-09.02.	12.04.-21.04.	07.06.-09.06.
Oberösterreich, Steiermark	17.02.-23.02	12.04.-21.04.	07.06.-09.06.

Österreich	Sommer 2025	Herbst 2025	Weihn. 25/26
Burgenland/Niederösterr./Wien	28.06.-31.08.	27.10.-31.10.	24.12.-06.01.
restliche Bundesländer	05.07.-07.09.	28.10.-31.10.	24.12.-06.01.

Schweiz: Die Ferien sind von Gemeinde zu Gemeinde unterschiedlich.

Angegeben sind jeweils der erste und der letzte Ferientag. Gelegentlich werden die Ferien kurzfristig anders festgelegt, als nach der langfristigen Planung vorgesehen. Alle Angaben ohne Gewähr.

ROBIN WOOD Aktiv für die Umwelt

Liebe Leser*innen,

unter dem Motto „Soja grillt Zukunft“ haben wir unsere aktuelle ROBIN WOOD-Kampagne gestartet, mit der wir auf die Zerstörung für Soja in Südamerika aufmerksam machen. 90 Prozent des in die EU importierten Sojas landet in den Mägen von Hühnern, Kühen und Schweinen. Vor allem die artenreichste Savanne der Welt, das Cerrado in Südamerika, wird zunehmend für die industrielle Tierhaltung und unseren hohen Fleischkonsum zerstört. Tropische Wälder und weite Gras- und Buschlandschaften prägen das Cerrado. Dort haben sich seit den 1950er-Jahren die Flächen der ursprünglichen Vegetation halbiert! Große Teile der Natur gingen einfach in Flammen auf. 80 Prozent der Flächen werden heute für den Sojaanbau genutzt. ROBIN WOOD engagiert sich für den Schutz der Wälder und der einmaligen Naturlandschaften in Südamerika.

Zum „Internationalen Tag des Waldes“ am 21. März forderte ROBIN WOOD von der Bundesregierung ein starkes Bundeswaldgesetz zum Schutz von Wäldern und Waldböden. Die Aktivist*innen entrollten auf einer abgestorbenen, geräumten Waldfläche im Südharz ein rund 20 Meter langes Banner mit dem Slogan: „Save our forests! We're loosing ground!“, „Rettet unsere Wälder! Wir verlieren den Boden unter den Füßen!“. Das Bundeslandwirtschaftsministerium will das Bundeswaldgesetz novellieren. ROBIN WOOD fordert endlich dem Naturschutz Vorrang vor der Holzproduktion zu geben. Über 600.000 Hektar Wald sind hierzulande in den Dürrejahren von 2018 bis 2022 abgestorben. Das ist mehr als in jedem anderen europäischen Land.

Die Welt ist im Krisenmodus, seien es Kriege, die Klimakrise und die Krise der Artenvielfalt. Nach der Europawahl wurde erschreckend klar, dass rechtsextreme Parteien in vielen EU-Staaten Zulauf haben, obwohl sie anstelle von Antworten auf die existentiellen Zukunftsfragen nur Hass, Ausgrenzung und Spaltung im Repertoire haben. Umso mehr muss sich eine lebendige Zivilgesellschaft, eine breite Klimabewegung und starke Umweltorganisationen dem Rechtsruck entgegenstellen. Wir brauchen sozial-ökologische Gegenentwürfe zu einer Wirtschaftspolitik, die von ewigem Wirtschaftswachstum abhängig ist, Mensch und Umwelt ausbeutet und die soziale Spannung vertieft. ROBIN WOOD zeigt Wege auf, für eine klimagerechte Zukunft selbst aktiv und wirksam zu werden.

Auch 2025 möchten wir wieder für den Wald und das Klima aktiv zu werden. Ihre Unterstützung und Ihre Spenden machen uns stark und ermöglichen unsere unabhängige Arbeit für die Umwelt. Herzlichen Dank!

Viel Freude mit unserem ÖkoKalender 2025.
Ihre Christiane Weitzel

Hamburg, September 2023: Bei der Nationalen Luftfahrtkonferenz machte ROBIN WOOD der Politik deutlich, dass Fliegen die klimaschädlichste Form ist, um mobil zu sein. Insbesondere der Verkehrssektor in Deutschland verfehlt schon seit Jahren krachend die Klimaziele.

Foto: ROBIN WOOD

Hamburg, September 2023: Kein Wald ins Kraftwerk, forderten die Aktiven von ROBIN WOOD auf dem Hamburger Rathausplatz. Wald ist viel zu wertvoll, um ihn zu verbrennen.

Foto: Mirko Bell

Januar 2025

1	Mi	Neujahr	1. Wo
2	Do		
3	Fr		
4	Sa		
5	So		
6	Mo	Heilige Drei Könige	2. Wo
7	Di		
8	Mi		
9	Do		
10	Fr		
11	Sa		
12	So		
13	Mo		3. Wo
14	Di		
15	Mi		
16	Do		
17	Fr		
18	Sa		
19	So		
20	Mo		4. Wo
21	Di		
22	Mi		
23	Do		
24	Fr		
25	Sa		
26	So		
27	Mo		5. Wo
28	Di		
29	Mi		
30	Do		
31	Fr		

Februar 2025

1	Sa		
2	So		
3	Mo		6. Wo
4	Di		
5	Mi		
6	Do		
7	Fr		
8	Sa		
9	So		
10	Mo		7. Wo
11	Di		
12	Mi		
13	Do		
14	Fr	Valentinstag	
15	Sa		
16	So		
17	Mo		8. Wo
18	Di		
19	Mi		
20	Do		
21	Fr		
22	Sa		
23	So		
24	Mo		9. Wo
25	Di		
26	Mi		
27	Do		
28	Fr		

März 2025

1	Sa		
2	So		
3	Mo	Rosenmontag	10. Wo
4	Di	Fastnacht	
5	Mi	Aschermittwoch	
6	Do		
7	Fr		
8	Sa		
9	So		
10	Mo		11. Wo
11	Di		
12	Mi		
13	Do		
14	Fr		
15	Sa		
16	So		
17	Mo		12. Wo
18	Di		
19	Mi		
20	Do	Frühlingsanfang	
21	Fr		
22	Sa		
23	So		
24	Mo		13. Wo
25	Di		
26	Mi		
27	Do		
28	Fr		
29	Sa		
30	So	Beginn der Sommerzeit	
31	Mo		14. Mo

April 2025

1	Di		
2	Mi		
3	Do		
4	Fr		
5	Sa		
6	So		
7	Mo		15. Wo
8	Di		
9	Mi		
10	Do		
11	Fr		
12	Sa		
13	So		
14	Mo		16. Wo
15	Di		
16	Mi		
17	Do		
18	Fr	Karfreitag	
19	Sa		
20	So	Ostersonntag	
21	Mo	Ostermontag	17. Wo
22	Di		
23	Mi		
24	Do		
25	Fr		
26	Sa		
27	So		
28	Mo		18. Wo
29	Di		
30	Mi		

Mai 2025

1	Do	Tag der Arbeit	
2	Fr		
3	Sa		
4	So		
5	Mo		19. Wo
6	Di		
7	Mi		
8	Do		
9	Fr		
10	Sa		
11	So	Muttertag	
12	Mo		20. Wo
13	Di		
14	Mi		
15	Do		
16	Fr		
17	Sa		
18	So		
19	Mo		21. Wo
20	Di		
21	Mi		
22	Do		
23	Fr		
24	Sa		
25	So		
26	Mo		22. Wo
27	Di		
28	Mi		
29	Do	Christi Himmelfahrt	
30	Fr		
31	Sa		

Juni 2025

1	So		
2	Mo		23. Wo
3	Di		
4	Mi		
5	Do		
6	Fr		
7	Sa		
8	So	Pfingstsonntag	
9	Mo	Pfingstmontag	24. Wo
10	Di		
11	Mi		
12	Do		
13	Fr		
14	Sa		
15	So		
16	Mo		25. Wo
17	Di		
18	Mi		
19	Do	Fronleichnam	
20	Fr		
21	Sa	Sommeranfang	
22	So		
23	Mo	Nationalfeiertag (Luxemburg)	26. Wo
24	Di		
25	Mi		
26	Do		
27	Fr		
28	Sa		
29	So		
30	Mo		27. Wo

Juli 2025

1	Di	
2	Mi	
3	Do	
4	Fr	
5	Sa	
6	So	
7	Mo	28. Wo
8	Di	
9	Mi	
10	Do	
11	Fr	
12	Sa	
13	So	
14	Mo	29. Wo
15	Di	
16	Mi	
17	Do	
18	Fr	
19	Sa	
20	So	
21	Mo	30. Wo
22	Di	
23	Mi	
24	Do	
25	Fr	
26	Sa	
27	So	
28	Mo	31. Wo
29	Di	
30	Mi	
31	Do	

August 2025

1	Fr	Bundesfeier (Schweiz)	
2	Sa		
3	So		
4	Mo		32. Wo
5	Di		
6	Mi		
7	Do		
8	Fr		
9	Sa		
10	So		
11	Mo		33. Wo
12	Di		
13	Mi		
14	Do		
15	Fr	Mariä Himmelfahrt	
16	Sa		
17	So		
18	Mo		34. Wo
19	Di		
20	Mi		
21	Do		
22	Fr		
23	Sa		
24	So		
25	Mo		35. Wo
26	Di		
27	Mi		
28	Do		
29	Fr		
30	Sa		
31	So		

September 2025

1	Mo		36. Wo
2	Di		
3	Mi		
4	Do		
5	Fr		
6	Sa		
7	So		
8	Mo		37. Wo
9	Di		
10	Mi		
11	Do		
12	Fr		
13	Sa		
14	So		
15	Mo		38. Wo
16	Di		
17	Mi		
18	Do		
19	Fr		
20	Sa		
21	So		
22	Mo	Herbstanfang	39. Wo
23	Di		
24	Mi		
25	Do		
26	Fr		
27	Sa		
28	So		
29	Mo		40. Wo
30	Di		
31	Mi		

Oktober 2025

1	Mi		
2	Do		
3	Fr	Tag der Deutschen Einheit	
4	Sa		
5	So		
6	Mo		41. Wo
7	Di		
8	Mi		
9	Do		
10	Fr		
11	Sa		
12	So		
13	Mo		42. Wo
14	Di		
15	Mi		
16	Do		
17	Fr		
18	Sa		
19	So		
20	Mo		43. Wo
21	Di		
22	Mi		
23	Do		
24	Fr		
25	Sa		44.Wo
26	So	Nationalfeiertag in Österreich, Ende der Sommerzeit	
27	Mo		
28	Di		
29	Mi		
30	Do		
31	Fr	Reformationstag	

November 2025

1	Sa	Allerheiligen	
2	So		
3	Mo		45. Wo
4	Di		
5	Mi		
6	Do		
7	Fr		
8	Sa		
9	So		
10	Mo		46. Wo
11	Di		
12	Mi		
13	Do		
14	Fr		
15	Sa		
16	So	Volkstrauertag	
17	Mo		47. Wo
18	Di		
19	Mi	Buß- und Bettag	
20	Do		
21	Fr		
22	Sa		
23	So	Totensonntag	
24	Mo		48. Wo
25	Di		
26	Mi		
27	Do		
28	Fr		
29	Sa		
30	So	1. Advent	

Dezember 2025

1	Mo		49. Wo
2	Di		
3	Mi		
4	Do		
5	Fr		
6	Sa	Nikolaustag	
7	So	2. Advent	
8	Mo		50. Wo
9	Di		
10	Mi		
11	Do		
12	Fr		
13	Sa		
14	So	3. Advent	
15	Mo		51. Wo
16	Di		
17	Mi		
18	Do		
19	Fr		
20	Sa		
21	So	Winteranfang, 4. Advent	
22	Mo		52. Wo
23	Di		
24	Mi	Heiligabend	
25	Do	1. Weihnachtstag	
26	Fr	2. Weihnachtstag	
27	Sa		
28	So		
29	Mo		1. Wo
30	Di		
31	Mi	Silvester	

2026

Januar 2026

1	Do	Neujahr	1. Wo
2	Fr		
3	Sa		
4	So		
5	Mo		2. Wo
6	Di	Heilige Drei Könige	
7	Mi		
8	Do		
9	Fr		
10	Sa		
11	So		
12	Mo		3. Wo
13	Di		
14	Mi		
15	Do		
16	Fr		
17	Sa		
18	So		
19	Mo		4. Wo
20	Di		
21	Mi		
22	Do		
23	Fr		
24	Sa		
25	So		
26	Mo		5. Wo
27	Di		
28	Mi		
29	Do		
30	Fr		
31	Sa		

Februar 2026

1	So		
2	Mo		6. Wo
3	Di		
4	Mi		
5	Do		
6	Fr		
7	Sa		
8	So		
9	Mo		7. Wo
10	Di		
11	Mi		
12	Do		
13	Fr		
14	Sa	Valentinstag	
15	So		
16	Mo	Rosenmontag	8. Wo
17	Di	Fastnacht	
18	Mi	Aschermittwoch	
19	Do		
20	Fr		
21	Sa		
22	So		
23	Mo		9. Wo
24	Di		
25	Mi		
26	Do		
27	Fr		
28	Sa		

März 2026

1	So		
2	Mo		10. Wo
3	Di		
4	Mi		
5	Do		
6	Fr		
7	Sa		
8	So		
9	Mo		11. Wo
10	Di		
11	Mi		
12	Do		
13	Fr		
14	Sa		
15	So		
16	Mo		12. Wo
17	Di		
18	Mi		
19	Do		
20	Fr	Frühlingsanfang	
21	Sa		
22	So		
23	Mo		13. Wo
24	Di		
25	Mi		
26	Do		
27	Fr		
28	Sa		
29	So	Beginn der Sommerzeit	
30	Mo		14. Wo
31	Di		

April 2026

1	Mi		
2	Do		
3	Fr	Karfreitag	
4	Sa		
5	So	Ostersonntag	
6	Mo	Ostermontag	15. Wo
7	Di		
8	Mi		
9	Do		
10	Fr		
11	Sa		
12	So		
13	Mo		16. Wo
14	Di		
15	Mi		
16	Do		
17	Fr		
18	Sa		
19	So		
20	Mo		17. Wo
21	Di		
22	Mi		
23	Do		
24	Fr		
25	Sa		
26	So		
27	Mo		18. Wo
28	Di		
29	Mi		
30	Do		

dezember 2024

08:21 16:14

16 Montag

17 Dienstag

18 Mittwoch

19 Donnerstag

Freitag **20**

Samstag **21**
Winteranfang

☾ Sonntag **22**
4. Advent

Dezember 2024

Mo		2	9	16	23	30
Di		3	10	17	24	31
Mi		4	11	18	25	
Do		5	12	19	26	
Fr		6	13	20	27	
Sa		7	14	21	28	
So	1	8	15	22	29	

dezember 2024

08:25 16:17

23 Montag

24 Dienstag
Heiligabend

25 Mittwoch
1. Weihnachtstag

26 Donnerstag
2. Weihnachtstag

Freitag 27

Samstag 28

Sonntag 29

Dezember 2024

Mo		2	9	16	23	30
Di		3	10	17	24	31
Mi		4	11	18	25	
Do		5	12	19	26	
Fr		6	13	20	27	
Sa		7	14	21	28	
So	1	8	15	22	29	

dezember 2024

08:26 16:22

30 Montag

31 Dienstag
Silvester

1 Mittwoch
Neujahr

2 Donnerstag

Freitag 3

Samstag 4

Sonntag 5

Weniger privater Müll

Obwohl die Bundesdeutschen im EU-Vergleich immer noch überdurchschnittlich viel Müll produzieren, ist 2022 zum ersten Mal seit Beginn der Erhebung 2004 das private Müllaufkommen um 3,3 Millionen Tonnen gesunken. Das ist auch deshalb bemerkenswert, weil die Bevölkerung im gleichen Jahr um 1,1, Millionen Menschen wuchs. Der größte Rückgang war beim Biomüll zu verzeichnen: 11,4 Prozent weniger Nahrungsmittel und Gartenabfälle landeten 2022 in der Tonne. Insgesamt wurden pro Kopf 438 Kilogramm Müll eingesammelt, 2021 waren es noch 484 Kilogramm (Statistisches Bundesamt, 18.11.2023).

6 Montag
Heilige Drei Könige

7 Dienstag
☽

8 Mittwoch
1912: Gründung des ANC

9 Donnerstag

Freitag 10

Samstag 11

Sonntag 12

Januar

Mo		6	13	20	27
Di		7	14	21	28
Mi	1	8	15	22	29
Do	2	9	16	23	30
Fr	3	10	17	24	31
Sa	4	11	18	25	
So	5	12	19	26	

13 Montag

○

1980: Gründung der Grünen

14 Dienstag

1875: Geburtstag von Albert Schweizer

15 Mittwoch

1919. Rosa Luxemburg und Karl Liebknecht ermordet.

16 Donnerstag

Freitag 17

Samstag 18

1985. Erster Smogalarm der höchsten Alarmstufe III für die Ballungsräume des westlichen Ruhrgebiets augerufen.

Sonntag 19

Januar

Mo		6	13	20	27
Di		7	14	21	28
Mi	1	8	15	22	29
Do	2	9	16	23	30
Fr	3	10	17	24	31
Sa	4	11	18	25	
So	5	12	19	26	

2025 **januar**

08:14 16:51

20 Montag

21 Dienstag ☾

22 Mittwoch

23 Donnerstag

Freitag 24

Samstag 25

Sonntag 26

Januar

Mo		6	13	20	27
Di		7	14	21	28
Mi	1	8	15	22	29
Do	2	9	16	23	30
Fr	3	10	17	24	31
Sa	4	11	18	25	
So	5	12	19	26	

27 Montag

Gedenktag zur Erinnerung an die Opfer der nationalsozialistischen Gewaltverbrechen
1996: Sechster und vorläufig letzter französischer Atombombentest im Südpazifik.

28 Dienstag

29 Mittwoch

●

30 Donnerstag

2000: Hochgiftige, zyanidhaltige Abwässer verseuchen die Flüsse in Rumänien und Ungarn.

Freitag 31

Samstag 1

Sonntag 2

Februar

Mo		3	10	17	24
Di		4	11	18	25
Mi		5	12	19	26
Do		6	13	20	27
Fr		7	14	21	28
Sa	1	8	15	22	
So	2	9	16	23	

2025 **februar**

07:55 17:15

3 Montag

4 Dienstag

5 Mittwoch ☽

6 Donnerstag

Freitag 7

Samstag 8

Sonntag 9

Viel zu viel Schrott

Weltweit wird immer mehr Elektroschrott produziert. Allein im Jahr 2022 fielen 62 Millionen Tonnen an elektronischem Abfall an. Das ist ein Rekord und ein Anstieg von 82 Prozent im Vergleich zu 2010. Nur knapp ein Viertel des Elektromülls werden ordnungsgemäß gesammelt und recycelt (Global E-Waste, Monitor, 2024).

2025 **februar**

07:43 17:28

10 Montag

11 Dienstag

12 Mittwoch

○

13 Donnerstag

Freitag 14
Valentinstag

Samstag 15

1960. Frankriech zündet seine erste Atombombe in der Sahara.

Sonntag 16

2005: Kyoto-Protokoll zum Schutz des Klimas tritt in Kraft

Februar

Mo		3	10	17	24
Di		4	11	18	25
Mi		5	12	19	26
Do		6	13	20	27
Fr		7	14	21	28
Sa	1	8	15	22	
So	2	9	16	23	

17 Montag

18 Dienstag

19 Mittwoch

20 Donnerstag ☾

Freitag 21

Samstag 22

1943: Sophie und Hans Scholl werden ermordet.

Sonntag 23

Februar

Mo		3	10	17	24
Di		4	11	18	25
Mi		5	12	19	26
Do		6	13	20	27
Fr		7	14	21	28
Sa	1	8	15	22	
So	2	9	16	23	

2025 **februar** 07:16 17:53

24 Montag

1975: Besetzung des Bauplatzes für das geplante AKW Wylh.

25 Dienstag

26 Mittwoch

27 Donnerstag

Freitag 28

●

1981: 100 000 Menschen demonstrieren gegen das AKW Brokdorf.

Samstag 1

1948: Die USA zünden die bisher stärkste Wasserstoffbombe auf dem Eniwetok-Atoll (Pazifik).

Sonntag 2

März

Mo		3	10	17	24	31
Di		4	11	18	25	
Mi		5	12	19	26	
Do		6	13	20	27	
Fr		7	14	21	28	
Sa	1	8	15	22	29	
So	2	9	16	23	30	

3 Montag
Rosenmontag

4 Dienstag
Fastnacht

5 Mittwoch
Aschermittwoch

1970: Vertrag über die Nicht-Verbreitung von Atomwaffen tritt in Kraft.

6 Donnerstag ☽

Freitag 7

1996: Erst werden Atombomben getestet, dann gibt Frankreich eine Studie über die Folgen seiner Atomtests in Auftrag.

Samstag 8
Internationaler Frauentag

Sonntag 9

März

Mo		3	10	17	24	31
Di		4	11	18	25	
Mi		5	12	19	26	
Do		6	13	20	27	
Fr		7	14	21	28	
Sa	1	8	15	22	29	
So	2	9	16	23	30	

06:46 18:18

10 Montag

11 Dienstag

2011. Beginn der Nuklearkatastrophe von Fukushima mit dem Thoku-Erdbeben und einem Tsunami.

12 Mittwoch

13 Donnerstag

○

1883: Todestag von Karl Marx.

Freitag 14

Weltverbrauchertag
1995: Bundssverfassungsgericht: friedliche Sitzblockaden gelten nicht mehr als Nötigung.

Samstag 15

Sonntag 16

März

Mo		3	10	17	24	31
Di		4	11	18	25	
Mi		5	12	19	26	
Do		6	13	20	27	
Fr		7	14	21	28	
Sa	1	8	15	22	29	
So	2	9	16	23	30	

06:30 18:30

17 Montag

18 Dienstag

19 Mittwoch

1977: Versuchte Bauplatzbesetzung des AKW Grohnde

20 Donnerstag
Frühlingsanfang

Freitag 21

Internationaler Tag gegen Rassismus
1960: Massaker von Sharpeville in Südafrika

Samstag 22

☾

Internationaler Tag des Wassers

Sonntag 23

Welttag der Meteorologie

Ohne Auto mobil

Carsharing wirkt verkehrsentlanstend. Neue Untersuchungen zeigen, dass ein Carsharing-Auto bis zu 16 Pkw ersetzen kann. Für Kommunen ist Carsharing deshalb eine kostengünstige Methode, um den öffentlichen Straßenraum zu entlasten. In den Carsharing-Haushalten wird der private Pkw meist dauerhaft abgeschafft. Und Carsharing veränderte das Mobilitätsverhalten: Carsharing-Kund*innen nutzen die Verkehrsmittel des Umweltverbunds öfter und den Pkw seltener als die Vergleichsbevölkerung (carsharing.de, 30. Mai 2024)

Stralsund, Januar 2024: Mit einer atemberaubenden Aktion setzten sich ROBIN WOOD-Aktivist*innen für einen Baustopp des LNG-Terminals auf Rügen ein. Vier Aktivist*innen seilten sich von der imposanten Rügenbrücke in Stralsund ab und entrollten ihr 25 Meter langes Banner: „Energiewende statt LNG und Gasimporte!"

Foto: Daniel Müller/ROBIN WOOD

06:14 18:41

24 Montag

25 Dienstag

1975: Die Biologische Waffenkonvention der Vereinten nationen tritt in Kraft.

26 Mittwoch

2011: Beim bislang größten Anti-Atom-Protest demonstrieren in Berlin, Hamburg, München und Köln über 250 000 Menschen.

27 Donnerstag

*2001. Vier Aktivis*innen von ROBIN WOOD und aus dem Wendland ketten sich an den Gleisen der Bahnstrecke Lüneburg-Wendland fest. Der Castor-Zug muss für 17 Stunden stoppen.*

Freitag 28

Samstag 29

●

1979: Der Atomreaktor von Harrisburg (USA) gerät außer Kontrolle.

Sonntag 30
Beginn der Sommerzeit

März

Mo		3	10	17	24	31
Di		4	11	18	25	
Mi		5	12	19	26	
Do		6	13	20	27	
Fr		7	14	21	28	
Sa	1	8	15	22	29	
So	2	9	16	23	30	

31 Montag

1 Dienstag

2000: Das Gesetz zu Erneuerbaren Energien tritt in Kraft.

2 Mittwoch

3 Donnerstag

Freitag 4

☽ Samstag 5

1950: In Stockholm fordert der Weltfriedensrat die Ächtung der Atombombe.

Sonntag 6

April

Mo		7	14	21	28
Di	1	8	15	22	29
Mi	2	9	16	23	30
Do	3	10	17	24	
Fr	4	11	18	25	
Sa	5	12	19	26	
So	6	13	20	27	

7 Montag

1995: Die UNO-Klima-Konferenz endet mit dem „Berliner Mandat", gerade mal drei unverbindlkiche Seiten lang.

8 Dienstag

9 Mittwoch

10 Donnerstag

Freitag **11**

Samstag **12**

○ Sonntag **13**

April

Mo		7	14	21	28
Di	1	8	15	22	29
Mi	2	9	16	23	30
Do	3	10	17	24	
Fr	4	11	18	25	
Sa	5	12	19	26	
So	6	13	20	27	

14 Montag

15 Dienstag

16 Mittwoch

1960: Der erste Ostermarsch führt zum Truppenübungsplatz Bergen-Hohne in der Lüneburger Heide.

17 Donnerstag

Internationaler Tag der Landlosen

☾

1957: „Göttinger Appell": Naturwissenschaftler sprechen sich gegen Atombewaffnung aus.

Freitag
Karfreitag
18

Samstag
19

2010: Die Ölplattform Deepwater Horizon explodiert im Golf von Mexiko. Bis zum Ende der Ölpest strömen etwa 850 Millionen Liter Öl ins Wasser.

Sonntag
Ostersonntag
20

April

Mo		7	14	21	28
Di	1	8	15	22	29
Mi	2	9	16	23	30
Do	3	10	17	24	
Fr	4	11	18	25	
Sa	5	12	19	26	
So	6	13	20	27	

21 Montag
Ostermontag

☾

22 Dienstag

23 Mittwoch

Welttag des Buches.

24 Donnerstag

Tag der Erneuerbaren Energien

Internat. Tag des Versuchstiers

2010: bundesweite KETTENreAKTION, 150 000 Menschen demonstrieren gegen Atomkraft.

Tag des Baumes

Freitag 25

Tag gegen Lärm

1986: Super-GAU in Tschernobyl. Über 600 Millionen Menschen in ganz Europa sind bisher gesundheitlich betroffen.

Samstag 26

●

Sonntag 27

Der bundesdeutsche Wald ist krank

Den bundesdeutschen Wäldern geht es schlecht, vier von fünf Bäumen sind krank. Der Trend der vergangenen 40 Jahre zeigt eine klare Verschlechterung der Vitalität der Wälder, so der aktuelle Waldzustandsbericht 2023 aus dem Bundeslandwirtschaftsministerium. Eine Hauptursache für diese fatale Entwicklung sind die Auswirkungen der Klimakrise. Aber auch die konventionelle Forstwirtschaft setzt den Bäumen zu. Für sie ist der Wald lediglich ein günstiger Holzlieferant. Diese Wälder, die zu intensiv und zu häufig durchforstet wurden, brechen unter den sich immer weiter zuspitzenden klimatischen Bedingungen zusammen.

28 Montag

1988: Indien zündet unterirdische Atombomben.

29 Dienstag

30 Mittwoch

1997: Klage der Grünen gegen den Braunkohletagebau Garzweiler abgeleht.

1 Donnerstag

Tag der Arbeit

Freitag 2

Samstag 3

Sonntag 4

☽

1980: Im Wendland wird die Endlager-Tiefbohrstelle 1004 bei Gorleben von 5000 Menschen besetzt. Die „Freie Republik Wendland" wird ausgerufen.

Mai

Mo		5	12	19	26
Di		6	13	20	27
Mi		7	14	21	28
Do	1	8	15	22	29
Fr	2	9	16	23	30
Sa	3	10	17	24	31
So	4	11	18	25	

05:46 20:51

5 Montag

Europatag

6 Dienstag

7 Mittwoch

8 Donnerstag

1945: Ende des Zweiten Weltkriegs

Freitag **9**

Samstag **10**

1995: Der Atomwaffensperrvertrag wird verlängert. Alle 178 Unterzeichnerstaaten haben den Vertrag von 1970 zeitlich unbegrenzt und ohne Bedingungen verlängert.

Sonntag
Muttertag **11**

Mai

Mo		5	12	19	26
Di		6	13	20	27
Mi		7	14	21	28
Do	1	8	15	22	29
Fr	2	9	16	23	30
Sa	3	10	17	24	31
So	4	11	18	25	

05:34 21:02

12 Montag

○

13 Dienstag

14 Mittwoch

15 Donnerstag

1995: China unternimmt trotz erneutem Atomwaffensperrvertrags seinen 42. Kernwaffentest seit 1964.

Freitag 16

Samstag 17

Sonntag 18

1974: Indien zündet seine erste Atombombe.

Mai

Mo		5	12	19	26
Di		6	13	20	27
Mi		7	14	21	28
Do	1	8	15	22	29
Fr	2	9	16	23	30
Sa	3	10	17	24	31
So	4	11	18	25	

05:24 21:12

19 Montag

20 Dienstag

☾

21 Mittwoch

1956: Der erste Test der Wasserstoffbombe verwüstet das Bikini-Atoll im Pazifik.

22 Donnerstag

Internationaler Tag der Biologischen Vielfalt

Freitag 23

Europäischer Tag der Parke

Samstag 24

Sonntag 25

Mai

Mo		5	12	19	26
Di		6	13	20	27
Mi		7	14	21	28
Do	1	8	15	22	29
Fr	2	9	16	23	30
Sa	3	10	17	24	31
So	4	11	18	25	

05:16 21:21

26 Montag

1993: Weitgehende Abschaffung des Rechtes auf Asyl durch den Bundestag.

27 Dienstag

●

28 Mittwoch

29 Donnerstag
Christi Himmelfahrt

Freitag 30

Welt-Nichtrauchertag

Samstag 31

1989: Definierter Baustopp für die WAA Wackersdorf nach jahrelangen massiven Protesten und Widerstand.

Sonntag 1

Juni

Mo		2	9	16	23	30
Di		3	10	17	24	
Mi		4	11	18	25	
Do		5	12	19	26	
Fr		6	13	20	27	
Sa		7	14	21	28	
So	1	8	15	22	29	

05:10 21:29

2 Montag

3 Dienstag

☽

1992: In Rio de Janeiro beginnt die „United Nations Conference on Environment".

4 Mittwoch

1989: Massaker auf dem Platz des Himmlischen Friedens in Peking.

5 Donnerstag

Internationaler Tag der Umwelt

Freitag 6

Samstag 7

1986: 80000 Menschen demonstrieren in Brokdorf und Wackersdorf.

Sonntag 8
Pfingstsonntag

Waldschatz

Unsere Wälder sind neben den Mooren unsere wichtigsten ökosystemaren Schätze und unsere stärksten Partner in Zeiten des Klimawandels und des Artensterbens. Sie speichern CO_2 und kühlen die Landschaft. Sie sind unersetzliche terristrische Lebensorte und filtern unser Grundwasser, reinigen die Luft, sind ein Ort der Erholung, schützen vor Lawinen und Fluten.

9 Montag
Pfingstmontag

2004: Der Forschungsreaktor Garching II (FRM II) ist nach jahrelangem Streit eröffnet worden. Der Reaktor läuft mit atomwaffentauglichem Uran.

10 Dienstag

11 Mittwoch ○

12 Donnerstag

Freitag 13

Samstag 14

Sonntag 15

Juni

Mo		2	9	16	23	30
Di		3	10	17	24	
Mi		4	11	18	25	
Do		5	12	19	26	
Fr		6	13	20	27	
Sa		7	14	21	28	
So	1	8	15	22	29	

16 Montag

17 Dienstag

Weltwüstentag

Bundesweiter Aktionstag in Schulen: „Tag für Afrika"

18 Mittwoch

☾

19 Donnerstag
Fronleichnam

Freitag 20

Samstag 21
Sommeranfang

Sonntag 22

Juni

Mo		2	9	16	23	30
Di		3	10	17	24	
Mi		4	11	18	25	
Do		5	12	19	26	
Fr		6	13	20	27	
Sa		7	14	21	28	
So	1	8	15	22	29	

Stuttgart, Februar 2024: Trotz Protesten von Umweltorganisationen aus Stuttgart ließ die Universität uralte Eichen auf dem Unigelände fällen. Ausgerechnet dort plant sie ein Gebäude, in dem zu nachhaltigem Bauen geforscht werden soll.

GENUG VERSIEGELT!
KEIN NEUBAU AUF
WALD UND WIESE!
ROBIN WOOD
Foto: Jens Wolle

23 Montag
Nationalfeiertag
in Luxemburg

24 Dienstag

25 Mittwoch ●

26 Donnerstag

Freitag 27

Samstag 28

Sonntag 29

Juni

Mo		2	9	16	23	30
Di		3	10	17	24	
Mi		4	11	18	25	
Do		5	12	19	26	
Fr		6	13	20	27	
Sa		7	14	21	28	
So	1	8	15	22	29	

05:09 21:41

30 Montag

1 Dienstag

2 Mittwoch ☽

3 Donnerstag

Freitag 4

Samstag 5

Sonntag 6

1999: Das Bundesverfassungsgericht erklärt die deutsche Praxis, Hühner in engen Käfigen zu halten, für rechtswidrig.

Schutz vor Hochwasser

Extremwetterereignisse und Hochwasserkatastrophen machen auf tragische Weise klar, dass die Klimakrise längst in Deutschland angekommen ist. Deshalb fordern der Deutsche Naturschutzring und der Bundesverband der Energie- und Wasserwirtschaft gemeinsam, den Wasserrückhalt in der Fläche zu verbessern, die Flächenversiegelung zu stoppen und den Flüssen wieder mehr Raum zu geben. Ein weiteres Zögern würde enorme volkswirtschaftliche Kosten verursachen (6. Juni 2024).

05:15 21:38

7 Montag

*1995: Atomkraftbetreiber*innen und die Siemens AG geben den Verzicht auf die Plutoniumverarbeitung in Hanau bekannt.*

8 Dienstag

9 Mittwoch

10 Donnerstag

○

Freitag 11

Samstag 12

Sonntag 13

Juli

Mo		7	14	21	28
Di	1	8	15	22	29
Mi	2	9	16	23	30
Do	3	10	17	24	31
Fr	4	11	18	25	
Sa	5	12	19	26	
So	6	13	20	27	

05:22 21:33

14 Montag

15 Dienstag

16 Mittwoch

1945: In der Wüste von New Mexico lassen die USA ihre erste Atombombe hochgehen.

17 Donnerstag

☾

Freitag 18

Samstag 19

1986: Gründung des Verkehrsclubs Deutschland (VCD)

Sonntag 20

Juli

Mo		7	14	21	28
Di	1	8	15	22	29
Mi	2	9	16	23	30
Do	3	10	17	24	31
Fr	4	11	18	25	
Sa	5	12	19	26	
So	6	13	20	27	

05:31 21:25

21 Montag

22 Dienstag

23 Mittwoch

24 Donnerstag

●

1994: In Hessen wird erstmals Ozonalarm ausgerufen, nachdem an zahlreichen Messstationen mehr als 215 Mikrogramm Ozon/m^3 Luft gemessen wurden.

Freitag 25

Samstag 26

Sonntag 27

1997: Oderhochwasser. Der Oderpegel in Frankfurt erreicht den historischen Höchststand von 6,57 m.

Juli

Mo		7	14	21	28
Di	1	8	15	22	29
Mi	2	9	16	23	30
Do	3	10	17	24	31
Fr	4	11	18	25	
Sa	5	12	19	26	
So	6	13	20	27	

2025 **juli**

05:41 21:15

28 Montag

29 Dienstag

30 Mittwoch

31 Donnerstag

☽ Freitag 1
Bundesfeier (Schweiz)

Samstag 2

Sonntag 3

August

Mo		4	11	18	25
Di		5	12	19	26
Mi		6	13	20	27
Do		7	14	21	28
Fr	1	8	15	22	29
Sa	2	9	16	23	30
So	3	10	17	24	31

05:51 21:04

4 Montag

5 Dienstag

6 Mittwoch

1945: Atombombenabwurf auf Hiroshima

7 Donnerstag

Freitag **8**

Samstag **9**

○

Internationaler Tag der Solidarität mit den indigenen Völkern
1945: Atombombenabwurf auf Nagasaki

Sonntag **10**

Immer mehr Kohlendioxid in der Atmosphäre

Der CO_2-Gehalt in der Atmosphäre ist mit knapp 427 ppm jetzt nicht nur so hoch wie seit Millionen von Jahren nicht mehr, er steigt auch schneller als je zuvor. Die Werte lägen inzwischen weit über denen während der gesamten bisherigen menschlichen Existenz, so die US-Wetterbehörde NOAA in Washington im Mai 2024. Die Internationale Energie-Agentur mahnt verstärkte Investitionen in saubere Energien vor allem in Entwicklungs- und Schwellenländern an. UN-Generalsekretär António Guterres rief angesichts der dramatischen Zahlen zu einem Finanzierungs- und Werbeboykott der Industrie auf, die Profite mit fossilen Brennstoffen wie Gas, Öl und Kohle machen.

06:02 20:51

11 Montag

12 Dienstag

13 Mittwoch

14 Donnerstag

Freitag 15
Mariä Himmelfahrt

☾ Samstag 16

Sonntag 17

1995: Ungeachtet weltweiter Proteste: Zweiter chinesischer Atomtest in der Provinz Sinkiang in diesem Jahr.

August

Mo		4	11	18	25
Di		5	12	19	26
Mi		6	13	20	27
Do		7	14	21	28
Fr	1	8	15	22	29
Sa	2	9	16	23	30
So	3	10	17	24	31

06:13 20:38

18 Montag

19 Dienstag

20 Mittwoch

21 Donnerstag

Freitag 22

● Samstag 23

Sonntag 24

August

Mo		4	11	18	25
Di		5	12	19	26
Mi		6	13	20	27
Do		7	14	21	28
Fr	1	8	15	22	29
Sa	2	9	16	23	30
So	3	10	17	24	31

25 Montag

26 Dienstag

2002: In Johannesburg/ Südafrika findet bis zum 4. September der UN-Weltgipfel für nachhaltige Entwicklung statt.

27 Mittwoch

28 Donnerstag

Freitag 29

Samstag 30

☽

Sonntag 31

August

Mo		4	11	18	25
Di		5	12	19	26
Mi		6	13	20	27
Do		7	14	21	28
Fr	1	8	15	22	29
Sa	2	9	16	23	30
So	3	10	17	24	31

06:35 20:08

1 Montag

Anti-Kriegstag

1939: Mit dem deutschen Überfall auf Polen beginnt der Zweite Weltkrieg.

2 Dienstag

3 Mittwoch

4 Donnerstag

1995: Weltfrauenkonferenz in Peking

Freitag 5

Samstag 6

○

Sonntag 7

1995: Ungeachtet internationaler Proteste führt Frankreich im Mururoa-Atoll den ersten von sechs Atombombentests durch.

September

Mo	1	8	15	22	29
Di	2	9	16	23	30
Mi	3	10	17	24	
Do	4	11	18	25	
Fr	5	12	19	26	
Sa	6	13	20	27	
So	7	14	21	28	

2025 **september** 06:46 19:52

8 Montag

9 Dienstag

10 Mittwoch

11 Donnerstag

Freitag 12

Samstag 13

Sonntag 14

☾

Tag der Tropenwälder

September

Mo	1	8	15	22	29
Di	2	9	16	23	30
Mi	3	10	17	24	
Do	4	11	18	25	
Fr	5	12	19	26	
Sa	6	13	20	27	
So	7	14	21	28	

06:57 19:36

15 Montag

16 Dienstag

Internationaler Tag für den Schutz der Ozonschicht

17 Mittwoch

18 Donnerstag

Freitag 19

Weltkindertag

Samstag 20

●

Sonntag 21

September

Mo	1	8	15	22	29
Di	2	9	16	23	30
Mi	3	10	17	24	
Do	4	11	18	25	
Fr	5	12	19	26	
Sa	6	13	20	27	
So	7	14	21	28	

März 2024: Spektakulärer Protest im Harz: ROBIN WOOD forderte zum Internationalen Tag des Waldes flächige Räumungen abgestorbener Waldflächen künftig zu untersagen.

Foto: ROBIN WOOD/Moritz Heck

22 Montag
Herbstanfang

Autofreier Tag

23 Dienstag

24 Mittwoch

1977: Trotz massiven Polizeiaufgebots marschieren 70 000 Menschen zum Bauplatz des Schnellen Brüters in Kalkar.

25 Donnerstag

Freitag 26

Welttourismustag

Samstag 27

Sonntag 28

September

Mo	1	8	15	22	29
Di	2	9	16	23	30
Mi	3	10	17	24	31
Do	4	11	18	25	
Fr	5	12	19	26	
Sa	6	13	20	27	
So	7	14	21	28	

29 Montag

30 Dienstag ☽

1995: Anti-Atom-Bündnis vor dem AKW Krümel bei Hamburg, das auch als Leukämiereaktor gilt.

1 Mittwoch

Weltvegetariertag

2 Donnerstag

1995: Frakreich zündet seinen zweiten Atomtest im Pazifik auf Fangataufa. Die Sprengkraft beträgt 110 Kilotonnen TNT, das isd die sechsfache Wirkung von Hiroshima.

Freitag
Tag der Deutschen Einheit
3

Welttierschutztag
1992: Das Taiga Rescue Network, ein internationales Netzwerk zum Schutz der borealen Wälder wird gegründet.

Samstag
4

Sonntag
Erntedankfest
5

Erneuerbare Energien

Der Anteil der erneuerbaren Energien im bundesdeutschen Stromsektor stieg deutlich von 46,2 Prozent (2022) auf 51,8 Prozent (2023). Insgesamt wurden 272,4 Mrd. kWh Strom aus erneuerbaren Energieträgern erzeugt. Dies waren fast 18 Mrd. kWh mehr als im Vorjahr, ein Plus von sieben Prozent. Zum ersten Mal wurde damit über die Hälfte des in Deutschland benötigsten Stroms aus erneuerbaren Energien bereitgestellt (UBA, 3/2024).

07:31 18:48

6 Montag

7 Dienstag ○

8 Mittwoch

9 Donnerstag

1981: In Bonn demonstrieren 300 000 für Frieden und Abrüstung.

Freitag 10

Samstag 11

Sonntag 12

Oktober

Mo		6	13	20	27
Di		7	14	21	28
Mi	1	8	15	22	29
Do	2	9	16	23	30
Fr	3	10	17	24	31
Sa	4	11	18	25	
So	5	12	19	26	

13 Montag

☾

14 Dienstag

1980: Großdemo in Bonn: Weit über 150 000 Menschen demonstrieren gegen den Bau und Betrieb von Atomanlagen.

15 Mittwoch

16 Donnerstag

Welternährungstag
1945: Gründung der FAO (Food and Agricultural Organization), der Ernährungs- und Landwirtschaftsorganisation der Vereinten Nationen.

Freitag **17**

Samstag **18**

Sonntag **19**

Oktober

Mo		6	13	20	27
Di		7	14	21	28
Mi	1	8	15	22	29
Do	2	9	16	23	30
Fr	3	10	17	24	31
Sa	4	11	18	25	
So	5	12	19	26	

2025 **oktober** 07:54 18:18

20 Montag

21 Dienstag ●

22 Mittwoch

23 Donnerstag

Tag der Vereinten Nationen

Freitag 24

Samstag 25

Sonntag 26
Nationalfeiertag in Österreich
Ende der Sommerzeit

Oktober

Mo		6	13	20	27
Di		7	14	21	28
Mi	1	8	15	22	29
Do	2	9	16	23	30
Fr	3	10	17	24	31
Sa	4	11	18	25	
So	5	12	19	26	

2025 **oktober**

07:06 17:04

27 Montag

28 Dienstag

29 Mittwoch

☽

30 Donnerstag

Freitag 31
Reformationstag

*Weltveganer*innentag*

Samstag 1
Allerheiligen

Sonntag 2

Kein Holz aus dem Wald ins Kraftwerk

Die Pläne, jetzt auf die Verbrennung von Holz-Biomasse in Großkraftwerken zu setzen, gefährden die Energiewende! Sie nützen einzig den Energiekonzernen, deren Geschäftsmodell auf der Verbrennung von Ressourcen in Großkraftwerken basiert. Dieses Modell wollen sie aufrecht erhalten – nur der Brennstoff soll ausgetauscht werden. Damit blockieren die Energiekonzerne, was wir jetzt am dringendsten brauchen: den schnellen Ausbau einer dezentralen, demokratisch kontrollierten und erneuerbaren Wärme- und Stromproduktion!

2025 **november** 07:19 16:52

3 Montag

4 Dienstag

5 Mittwoch ○

6 Donnerstag

Freitag 7

Samstag 8

1938: Pogromnacht

Sonntag 9

November

Mo		3	10	17	24
Di		4	11	18	25
Mi		5	12	19	26
Do		6	13	20	27
Fr		7	14	21	28
Sa	1	8	15	22	29
So	2	9	16	23	30

10 Montag

1995: Trotz internationaler Proteste wird der Bürgerrechtler und Umweltschützer Ken Saro-Wiwa in Nigeria hingerichtet.

11 Dienstag

Martinstag

1918: Ende des Ersten Weltkrieges

12 Mittwoch

☾

1982: Gründung der Umweltschutzorganisation ROBIN WOOD e. V. in Bremen

13 Donnerstag

Freitag 14

1981: Anti-Startbahn-Demo in Wiesbaden mit 120 000 Menschen

Samstag 15

Sonntag 16
Volkstrauertag

November

Mo		3	10	17	24
Di		4	11	18	25
Mi		5	12	19	26
Do		6	13	20	27
Fr		7	14	21	28
Sa	1	8	15	22	29
So	2	9	16	23	30

2025 **november** 07:43 16:30

17 Montag

18 Dienstag

19 Mittwoch
Buß- und Bettag

20 Donnerstag ●

Freitag 21

Samstag 22

Sonntag
Totensonntag 23

November

Mo		3	10	17	24
Di		4	11	18	25
Mi		5	12	19	26
Do		6	13	20	27
Fr		7	14	21	28
Sa	1	8	15	22	29
So	2	9	16	23	30

24 Montag

25 Dienstag

26 Mittwoch

27 Donnerstag

Freitag 28

☽

- *28.-30.11.1986: Die Bundeskonferenz der Anti-AKW-Initiativen in Regensburg wurde verboten und durch die Polizei gestört.*

Samstag 29

Sonntag 30
1. Advent

November

Mo		3	10	17	24
Di		4	11	18	25
Mi		5	12	19	26
Do		6	13	20	27
Fr		7	14	21	28
Sa	1	8	15	22	29
So	2	9	16	23	30

2025 **dezember**

08:04 16:17

1 Montag

Welt-AIDS-Tag

2 Dienstag

3 Mittwoch

1992, La Coruña: Vor der norwestspanischen Küste explodiert der Tanker „Aegean Sea", 80000 Tonnen Rohöl verschmutzen die Buch.

4 Donnerstag

1984, Bhopal/Indien: Explosion in einer Chemiefabrik. 8000 Menschen starben sofort und rund 15000 an den Spätfolgen.

Freitag **5**

○

Weltbodentag

Samstag **6**

Nikolaustag

Sonntag **7**

2. Advent

ROBIN WOOD empfiehlt Ökostromanbieter

Keine Lust mehr auf Atom und Kohle? Nicht jeder Ökostrom bietet wirklich Nutzen für Natur und Klima. ROBIN WOOD aktualisiert regelmäßig den Ökostromreport und überprüft alle empfohlenen Anbieter erneut. Bei vielen haben sich die Stromzusammensetzung sowie die Investitionen in den Ausbau Erneuerbarer Energien verbessert. (www.robinwood.de)

8 Montag
Mariä Empfängnis

9 Dienstag

10 Mittwoch

Tag der Menschenrechte
1997: Bei der Konferenz in Kyoto wird das erste für die Industriestaaten rechtlich verbindliche Klimaprotokoll verabschiedet.

11 Donnerstag

☾
1995: UNICEF legt eine Dokumentation über die Kriegsfolgen für Kinder vor: Allein zwischen 1986 und 1995 wurden 2 Mio. Jungen und Mädchen in Kriegen getötet, 12 Mio. Kinder wurden heimatlos.

Freitag 12

Samstag 13

14.-16.12.1985: Bauplatzbesetzung des WAA-Geländes in Wackersdorf.

Sonntag 14
3. Advent

Dezember

Mo	1	8	15	22	29
Di	2	9	16	23	30
Mi	3	10	17	24	31
Do	4	11	18	25	
Fr	5	12	19	26	
Sa	6	13	20	27	
So	7	14	21	28	

2025 **dezember**

08:20 16:14

15 Montag

16 Dienstag

17 Mittwoch

18 Donnerstag

Freitag 19

● Samstag 20

Sonntag 21
Winteranfang
4. Advent

Dezember

Mo	1	8	15	22	29
Di	2	9	16	23	30
Mi	3	10	17	24	31
Do	4	11	18	25	
Fr	5	12	19	26	
Sa	6	13	20	27	
So	7	14	21	28	

22 Montag

23 Dienstag

24 Mittwoch
Heiligabend

25 Donnerstag
1. Weihnachtstag

Freitag 26
2. Weihnachtstag

☽ Samstag 27

Sonntag 28

Dezember

Mo	1	8	15	22	29
Di	2	9	16	23	30
Mi	3	10	17	24	31
Do	4	11	18	25	
Fr	5	12	19	26	
Sa	6	13	20	27	
So	7	14	21	28	

dezember 2025

08:26 16:21

29 Montag

30 Dienstag

31 Mittwoch
Silvester

1 Donnerstag
Neujahr

Freitag 2

○ Samstag 3

Sonntag 4

Januar 2026

Mo		5	12	19	26
Di		6	13	20	27
Mi		7	14	21	28
Do	1	8	15	22	29
Fr	2	9	16	23	30
Sa	3	10	17	24	31
So	4	11	18	25	

januar 2026

08:26 16:29

5 Montag

6 Dienstag
Heilige Drei Könige

7 Mittwoch

8 Donnerstag

Freitag **9**

☾ Samstag **10**

Sonntag **11**

Januar 2026

Mo		5	12	19	26
Di		6	13	20	27
Mi		7	14	21	28
Do	1	8	15	22	29
Fr	2	9	16	23	30
Sa	3	10	17	24	31
So	4	11	18	25	

Foto: ROBIN WOOD

März 2024: Für den Schutz der rumänischen Wälder demonstrierten ROBIN WOOD-Aktivist*innen bei der Ziegler Group in Plößberg, die dort eines der größten Sägewerke Europas betreibt. Jetzt hat das Unternehmen ein Sägewerk in Rumänien gekauft, das sein Holz in den Wäldern der Karpaten schlägt. Dies birgt große Risiken, denn dort stehen großteils Natur- und Urwälder.

Wie Soja aus Südamerika unsere Zukunft grillt

Der hohe Fleischkonsum in Deutschland und die damit verbundene industrielle Tierhaltung haben Auswirkungen auf die menschliche Gesundheit sowie auf Gewässer und Ökosysteme. Und das nicht nur in Deutschland. Sie reichen über den Atlantik bis in die Regionen, in denen die Futtermittel für die Tierhaltung angebaut werden: in tropische Regenwälder, Savannen, Feuchtgebiete und tief hinein in Territorien von indigenen Völkern.

Soja ist weltweit eine der häufigsten angebauten Nutzpflanzen. Anders als bei anderen Kulturen wie bei Mais, Reis oder Weizen werden 77 Prozent der Ernte an Tiere verfüttert. 19 Prozent werden direkt für die menschliche Ernährung genutzt und 3,8 Prozent für industrielle Zwecke wie Agrodiesel und Schmiermittel verwendet. Soja hat mit 40 Prozent einen hohen Gehalt an verdaulichem Rohprotein und eine günstige Zusammensetzung der Aminosäuren. Deshalb und weil es preiswert verfügbar ist, steckt Soja als unverzichtbarer Bestandteil in der industriellen Tiernahrung. Die angestrebten täglichen Gewichtszunahmen sind ohne Soja praktisch nicht erreichbar. So legen Mastbullen und Mastschweine 800 Gramm pro Tag an Gewicht zu, bei Broilern beträgt die Rate 100 Gramm pro Tag.

Soja überwiegend für Futter

Sojaschrot oder Sojamehl sind Hauptbestandteile des in der industriellen Tierproduktion eingesetzten Futters, vor allem für Geflügel, Schweine, Milchkühe und Zuchtlachs. 2020 landeten in der EU, inklusive Großbritannien, 36 Millionen Tonnen Sojaprodukte in Futtermitteln. Mit 38 Prozent wird der Großteil davon in der Masthähnchen-Fütterung verwendet (s. umseitige Grafik). Zwar beinhaltet Schweinefutter nur geringe Mengen Soja, aber wegen der hohen Anzahl von Schweinen liegt der Sektor mit 23 Prozent auf Platz zwei beim Gesamtverbrauch von Soja in Futtermitteln.

Im Jahr 2020 lag der Pro-Kopf-Verbrauch von Soja in der EU (27 + UK) bei 61 Kilogramm, wovon 55 Kilogramm über tierische Produkte konsumiert wurden. Beispielsweise stekken in einem Kilogramm Hühnerfleisch 960 Gramm Soja.

Weltweit werden jedes Jahr etwa 396 Millionen Tonnen Sojabohnen, Sojamehl und Sojaöl hauptsächlich in Brasilien, in den USA und in Argentinien produziert, wovon 238 Millionen Tonnen in Länder mit hoher industrieller Fleischproduktion exportiert werden. Deutschland steht global auf Rang acht der Fleischproduzenten. Während EU-Importe aus den USA abnehmen, wird mehr Soja aus Südamerika, vor allem aus Brasilien, aber zunehmend auch aus Paraguay und Uruguay bezogen.

Der Anteil des Sojas, das in Form von Sojabohnen, -sprossen, Tofu und Ähnlichem direkt von Menschen verzehrt wird, kommt überwiegend aus Europa. Die Produktion von Sojabohnen in der EU macht weniger als ein Prozent der global produzierten Menge aus, obwohl sie sich in den letzten zehn Jahren mehr als verdoppelt hat.

SOJA-VERWENDUNG IN DER EU
HAUPTSÄCHLICH ALS FUTTERMITTEL

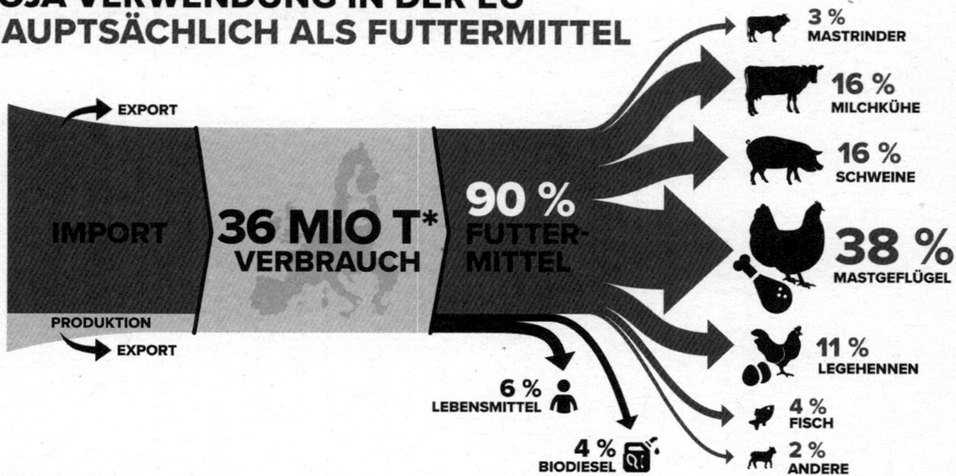

Infografik © Land schafft Leben 2022
*in Sojabohnenäquivalenten; Zahlen von 2020; Quelle: Verbrauch: European Commission, EU oilseeds balance sheet 2019/20 (exkl. Sojaöl); Verteilung: B. Kuepper, M. Stravens (2022): Mapping the European Soy Supply Chain; Werte gerundet; eigene Prozentrechnung

Sojaanbau und Entwaldung

Der weltweite Anbau von Sojabohnen hat sich in den letzten 50 Jahren mehr als verzehnfacht. 2021 betrug die Anbaufläche 123 Millionen Hektar und war damit etwa 3,5-mal so groß wie Deutschland. Die Ausweitung von Ackerland geht oft mit der Zerstörung von Ökosystemen einher.

Laut Daten des World Ressource Institutes wurden zwischen 2001 und 2015 8,2 Millionen Hektar Wald für Sojafuttermittel gerodet, 97 Prozent davon in Südamerika. Mehr als die Hälfte der Entwaldung (61 Prozent) fand in Brasilien statt, gefolgt von Argentinien (21 Prozent), Bolivien (9 Prozent) und Paraguay (5 Prozent). Innerhalb Brasiliens fand fast die Hälfte der Entwaldung (48 Prozent) im Amazonasgebiet statt und fast ebenso viel (45 Prozent) in der tropischen Savanne Cerrado. Die Entwaldung für Soja erfolgt außerdem oft indirekt, weil es auf Flächen angebaut wird, die ursprünglich für die Weidehaltung gerodet wurden. Das treibt die Rodung für immer neue Weideflächen an anderen Orten voran.

Für immer mehr Weideflächen werden in Südamerika artenreiche Wälder und tropische Savannen zerstört, Lebensraum von Jaguar, Nandu und Mähnenwolf.

Artenreiche Primärwälder und einzigartige tropische Savannen gehen verloren und mit ihnen dort beheimatete Arten. Betroffene Ökosysteme umfassen den Amazonas-Regenwald, aber auch weitere, weniger bekannte Biome wie den Atlantischen Regenwald, das Gran Chaco, die Pampas, das Pantanal oder die Cerrados (s. Kasten S. 156). Nachdem die Schutzmaßnahmen für den Amazonas-Regenwald immer stärker werden, kommt es in letzter Zeit vermehrt zur Entwaldung in den Cerrados.

Konflikte und Menschenrechtsverletzungen

Neben dem Verlust von Biodiversität kommt es immer wieder zu Konflikten zwischen mächtigen Agrarkonzernen und der lokalen Bevölkerung. Kleinbäuerliche Strukturen und regionale Ernährungssysteme werden zerstört und mit ihnen die Lebensgrundlagen der Menschen vor Ort.

Sojaernte in Brasilien: Der weltweite Anbau von Soja hat sich in den letzten 50 Jahren verzehnfacht.

Soja wird in der Regel in Monokulturen und im industriellen Stil von Großgrundbesitzern und transnationalen Unternehmen angebaut. Mit der Intensivierung des Sojaanbaus, dem industriellen Anbau der Agrarkonzerne, aber auch durch illegale Siedler*innen wird immer mehr Ackerland beansprucht. Insbesondere bei nicht formalisierten Landrechten werden Kleinbäuer*innen genötigt, ihr Land billig zu verkaufen. Doch auch, wenn ihre Rechte gesichert sind, geben sie ihr Land oft auf. Auch indigene Bevölkerungsgruppen leben in ständiger Gefahr, von ihrem Land vertrieben zu werden. Viele indigene Umweltaktivist*innen mussten ihren Widerstand mit ihrem Leben bezahlen. In Brasilien hat sich die Lage seit Amtsantritt von Präsident Lula leicht entspannt – Umweltbehörden wurden wieder mit Mitteln ausgestattet, um Verstöße gegen geltendes Recht verfolgen zu können.

Darüber hinaus geht der Anbau oft mit hohem Einsatz von Pestiziden einher. Diese vergiften Wasser und Böden und werden mit dem Wind in angrenzende Gebiete geweht. Das führt zu teils erheblichen gesundheitlichen Problemen für Menschen und Tiere, zu verminderten Ernten und verseuchtem Wasser. Die Zerstörung der Lebensgrundlagen zwingt Kleinbäuer*innen, ihr Land zu verlassen. Mit jedem Stück Fleisch, das wir in Deutschland essen, sind wir auch für ökologische und soziale Krisen in Südamerika verantwortlich.

Die EU ist nach China der zweitgrößte Importeur von tropischer Entwaldung und für 16 Prozent der Abholzung im Zusammenhang mit dem globalen Handel verantwortlich. Dadurch verursachte die EU 2017 indirekt 116 Millionen Tonnen CO_2-Emissionen. Dies entspricht mehr als einem Viertel der EU-Emissionen aus dem Sektor Landwirtschaft. Innerhalb der EU hat Deutschland den größten Entwaldungsfußabdruck. Die CO_2-Emissionen aus dem Soja-Anbau gehen jedoch nicht in die Klimastatistiken der EU-Länder ein, sondern in die Statistiken der Anbauländer.

Flächennutzungsineffizienz

Allgemein ist es deutlich effizienter, Flächen (oder auch Eiweißpflanzen) direkt für die menschliche Ernährung zu nutzen als für die Fleischerzeugung. Die Erzeugung von Lebensmitteln über die Fleischproduktion ist höchst ineffizient: Um eine Kalorie Hühnerfleisch zu erzeugen, müssen zwei pflanzliche Kalorien verfüttert werden. Bei Schweinefleisch, Milch und Eiern sind es drei verfütterte Kalorien für eine gewonnene Kalorie und beim Rind sogar sieben.

Angesicht des Flächenfraßes für die Sojabohne und der Umweltzerstörung, die sie mit sich bringt, scheint der enorme Fleischkonsum reiner Irrsinn. Insbesondere in einer Situation, in der eine globale Ernährungssicherheit nicht gegeben ist, sondern Mangel- und Unterernährung noch immer weit verbreitet sind und tendenziell zunehmen.

Laut des Ernährungsreports 2022 des Bundeslandwirtschaftsministeriums essen in Deutschland 44 Prozent der Befragten nur gelegentlich Fleisch, sieben bis zehn Prozent ernähren sich vegetarisch und etwa ein Prozent vegan. Wenn sich weitere Konsument*innen zum Verzicht auf Fleisch entscheiden würden, könnte das zahlreiche Probleme entschärfen.

Freiwillige Selbstverpflichtung, individuelle Kaufentscheidung?

Label, Zertifikate, Siegel für Nachhaltigkeit – die meisten stellen einzelne positive Aspekte in Anbau, Produktion oder Vermarktung in den Vordergrund, einige stehen auch für ein allumfassend nachhaltiges Wirtschaften. Das ist gut. Zwar wächst der Marktanteil von Produkten mit Zertifikaten, aber er ist immer noch viel zu klein. Und freiwillige Selbstverpflichtungen reichen nicht aus, um eine regulierende Wirkung zu entfalten oder gar die schlimmsten Konzerne von ihrem Kurs abzubringen. Außerdem ist es fast unmöglich, bei Verstößen erfolgreich eine Klage einzureichen. Selbst die Achtung der UN-Menschenrechte kann nur dann rechtssicher eingeklagt werden, wenn sie in der Gesetzgebung des relevanten Landes explizit benannt werden.

Veränderung von Rahmenbedingungen

Anstatt die Verantwortung für eine sozial und ökologisch gerechtere Ernährung und den damit verbundenen Mehraufwand vollständig auf die Konsument*innen zu schieben, gibt es eine Reihe politischer Maßnahmen, die eine fleischärmere Ernährung fördern können. Das sind zum Beispiel eine Verbrauchssteuer oder eine Abgabe auf tierische Produkte. Oder die Mehrwertsteuer auf pflanzliche Produkte könnte abgeschafft und gleichzeitig die Mehrwertsteuer für tierische Produkte auf 19 Prozent angehoben werden.

Eine weitere Maßnahme wäre, einen vegan-vegetarischen Standard in öffentlichen Einrichtungen und bei Außer-Haus-Verpflegungen, wie zum Beispiel Kantinen von Schulen, Kitas, Unis, Kliniken, Altenheimen zu etablieren oder zumindest die angebotenen Gerichte an die Empfehlungen der Deutschen Gesellschaft für Ernährung anzupassen.

Neben dem Fokus auf die Konsumseite gibt es auch Steuerungsmöglichkeiten auf der Produktionsseite. Einerseits können sie bestimmte landwirtschaftliche Praktiken

Die neuen Regelungen der EU, mit denen Wälder nicht mehr in Agrarland umgewandelt werden dürfen, sind wichtig. Allerdings schützen sie weder Grasland noch Feuchtgebiete, wie hier das Pantanal in Brasilien, die für Weidewirtschaft und Sojafelder zerstört werden.

fördern und so einen strukturellen Wandel bewirken. Ein Beispiel dafür ist die Gemeinsame Agrarpolitik der EU oder auch das Bundesprogramm zur Förderung des Umbaus der Tierhaltung in Deutschland.

Andererseits kann die Politik auch regulativ eingreifen, indem sie Gesetze und Verordnungen erlässt, die zwar nicht das „System Fleischproduktion" verändern, aber einzelne negative Auswirkungen unterbinden. Die EU-Verordnung gegen Entwaldung (EUDR) verfolgt diesen Ansatz.

Die EUDR

Diese Verordnung ist im Sommer 2023 in Kraft getreten. Ende dieses Jahres läuft die Umsetzungsfrist aus, aber schon jetzt versuchen einige Agrarminister*innen, diese Frist zu verlängern. Im Kern soll die Verordnung die Entwaldung für den Anbau und die Produktion von Rohstoffen mit besonders hohem „Entwaldungsrisiko" verhindern. Dazu zählen Soja, Palmöl, Rindfleisch, Kaffee, Kakao, Kautschuk und Holz. Werden sie auf Flächen angebaut, die nach dem 31.12.2020 gerodet wurden, nicht nur in den Tropen, sondern weltweit und auch in Europa, dürfen sie nicht auf den europäischen Markt gelangen.

Ein großer Kritikpunkt an der Verordnung ist die sehr enge Definition von Wald. Dadurch sind weite bewaldete Gebiete der Cerrados zum Beispiel nicht geschützt. Die Forderung, nicht nur Wälder, sondern auch andere bewaldete Gebiete („other wooded land") über die Verordnung zu schützen, hat den Verhandlungen im Trilog nicht standgehalten. Laut der Ernährungs- und Landwirtschaftsorganisation der Vereinten Nationen (FAO) gibt es weltweit fast eine Milliarde Hektar Land, die in diese Kategorie fallen und somit zusätzlich geschützt werden könnten. ROBIN WOOD bleibt an diesem Thema dran!

In der EUDR geht es nur darum, dass Rohstoffe „entwaldungsfrei", nicht aber „umwandlungsfrei" sind. Wälder dürfen zwar nicht in Agrarland umgewandelt werden, Grasland, Moore und Feuchtgebiete sind davor aber nicht geschützt. Wenn zukünftig Produkte als entwaldungsfrei deklariert und als umweltfreundlich beworben werden, stimmt das in vielen Fällen schlichtweg nicht.

Transparenz in der Lieferkette

Lange Zeit mangelte es an Transparenz und Rückverfolgbarkeit der Wertschöpfungsketten. Einzelne Branchen behaupten immer noch, ihre Lieferkette sei zu komplex, um die Herkunft einzelner Produkte zurückverfolgen zu können und so Umweltzerstörung oder Menschenrechtsverletzungen auszuschließen. In den letzten Jahren wurden aber sehr gute Tools entwickelt, die es ermöglichen, Entwaldung nachverfolgbar und sichtbar zu machen. Mit diesen Tools können Maßnahmen umgesetzt werden, die sich auf bestimmte Produkte, Unternehmen oder Anbauregionen mit besonders hohem Entwaldungsrisiko fokussieren. Dabei besteht aber die Gefahr, dass sich Probleme von einer Region auf andere Gebiete und Ökosysteme verlagern.

Ökosystem in Gefahr

Der Cerrado ist die artenreichste Savanne der Welt. Rund fünf Prozent aller Arten sind hier vertreten. Etwa 10.000 verschiedene Gefäßpflanzenarten wachsen in dem Gebiet, das beinahe sechsmal so groß wie Deutschland ist. Die Tierwelt umfasst mehr als 800 Vogelarten, 1200 Arten von Fischen, 150 Amphibienarten, 180 Reptilienarten und 90 000 Insektenarten. Zu ihren bekanntesten Vertretern zählen Jaguar, Flachlandtapir, Großer Ameisenbär, Puma, Gürteltier, Nandu und der Mähnenwolf.

Das abwechslungsreiche Landschaftsbild aus Wäldern, Schluchten, Hochebenen, weiten Gras- und Buschlandschaften bietet viele verschiedene ökologische Nischen. Durchzogen von kristallklaren Flüssen und zahlreichen Wasserfällen finden viele Arten nur dort ihren einzigartigen Lebensraum. Das Gebiet zählt zu den wichtigsten Wasserressourcen Südamerikas.

Die Buschlandschaft wurde seit den 1950er Jahren in Agrarflächen umgewandelt. So sind bereits bis heute über 50 Prozent der ursprünglichen Vegetation verlorengegangen. Zunächst als Weideland genutzt, werden aufgrund der stark ansteigenden Sojanachfrage immer größere Flächen für den Anbau der eiweißhaltigen Bohne genutzt.

Soja grillt Zukunft? Zukunft grillt Soja!

Der Rucksack von Fleischkonsum und -produktion geht weltweit mit immensen negativen Auswirkungen auf Ökosysteme, das globale Klima, Existenzen und lokale Lebensgrundlagen einher. Außer Frage steht die Notwendigkeit, die Tierzahlen zu reduzieren, sowohl weltweit als auch in Deutschland. Und das ist möglich. Wir können ein ökologisch verträgliches und sozial gerechtes, zukunftsfähiges Ernährungssystem schaffen, wenn die politischen Weichen entsprechend gestellt werden. Wir sollten uns unseren Rucksack nicht voll stopfen lassen mit Soja, Krisen und Konflikten, sondern lieber direkt die Sojawurst auf den Grill schmeißen.

Illustration: BooBoo Tannenbaum

Lea Huber und Fenna Otten, ROBIN WOOD-Tropenwaldreferentin,
tropenwald@robinwood.de

Mit dem ROBIN WOOD-Floß und Aktion Agrar gegen die Fleischindustrie

Foto: ROBIN WOOD/Knut Hildebrandt

„Soja grillt Zukunft" war das gemeinsame Motto von dem Verein Aktion Agrar aus Magdeburg und ROBIN WOOD bei ihrer gemeinsamen Floßtour im Sommer 2024.

Im Sommer 2024 ließen wir wieder unser Floß, die Robina Wald, zu Wasser. Ende Juli lichteten wir in Magdeburg den Anker und machen uns in Begleitung von einer Gruppe fröhlicher Radfahrer*innen auf die Reise. Gemeinsam mit Aktion Agrar schipperten wir über den Mittellandkanal durch Wolfsburg, vorbei an Braunschweig, bis nach Hannover.

Auf dem Mittellandkanal wird Soja aus Südamerika für die deutsche Futtermittelindustrie transportiert. Entlang des Kanals machten wir gemeinsam aufmerksam auf die massive Zerstörung, die der intensive Sojaanbau in Südamerika mit sich bringt – Ökosysteme werden genauso zerstört wie das Leben der Menschen vor Ort.

Die industrielle Tierhaltung in Deutschland funktioniert nicht ohne Importsoja. Sie ist verantwortlich für drei Viertel aller Treibhausgas-Emissionen der Landwirtschaft, ruiniert bäuerliche Existenzen und zerstört Wälder, Böden und Gewässer. Doch es gibt Höfe, die es anders machen. Wir besuchten sie und kamen ins Gespräch. Wie wirtschaften Bauern und Bäuerinnen ohne Importsoja? Was braucht es, damit das nicht die Ausnahme bleibt?

Fast täglich organisierten wir kleine Diskussionsrunden, bauten unseren Infotisch auf, luden zum Konzert ein. Nach zwei erlebnisreichen Wochen trudeln wir in Hannover ein und verbrachten das Wochenende mit Aktionen, Austausch und vielen Informationen in der niedersächsischen Landeshauptstadt. In unserem digitalen Logbuch können alle, die nicht mit dabei sein konnten, erfahren, was die Floßcrew erlebte.

Fenna Otten, ROBIN WOOD-Tropenwaldreferentin

Novellierung des Bundeswaldgesetzes

Das Schwinden der Wälder

ROBIN WOOD jubelte als im Koalitionsvertrag der Ampelregierung 2022 bekanntgegeben wurde, dass das Bundeswaldgesetz von 1975 endlich novelliert werden soll! Doch heute ist klar: Wird die Novelle so umgesetzt wie sie jetzt formuliert ist, wird das Gesetz kaum dazu beitragen, die dramatische Lage des Waldes zu verbessern.

Die eklatantesten Fehlentwicklungen im Wald, wie etwa gigantische Kahlflächen durch die Räumungen abgestorbener Bäume, werden uns, wenn der Gesetzentwurf so um-

Blick Richtung Osterode im Harz: Großflächig abgestorbener und beräumter Wald.

gesetzt werden sollte, in Zukunft weiter begleiten. Es fehlen grundlegende ökologische Mindeststandards.

Der ökonomische Grundsatz, den Wald vornehmlich als Holzrohstofflieferanten zu begreifen, bleibt oberste Maxime für die Waldbewirtschaftung. Der Wald wird weiter dahinsiechen – auf Kosten des Klimas, der Artenvielfalt und der Menschen.

Der Zustand der Wälder

Dem Wald in Deutschland geht es schlecht. Seit den Dürrejahren ab 2018 sind Hundertausende Hektar Wald abgestorben. Die Bundesländer und die Verbände der Waldbesitzenden sprechen inzwischen von rund 600 000 Hektar.

Der jährliche Waldzustandsbericht der Bundesregierung zeigt die kontinuierliche Zunahme an Waldschäden seit 1984. Er gibt die sogenannte Kronenverlichtung an, also wie viel Prozent der Baumkrone so geschädigt und entlaubt sind, dass bei einem Blick nach oben, statt eines Blätterdachs der Himmel zu sehen ist. Nur noch 21 Prozent der Bäume weisen Schäden von weniger als zehn Prozent auf. 44 Prozent der Bäume haben einen Verlichtungsgrad zwischen elf und 25 Prozent. Ganze 35 Prozent aller untersuchten Bäume weisen eine Verlichtung von 61 bis 100 Prozent auf. So viel Himmel war seit Beginn der Untersuchung vor 39 Jahren noch nie durch die kranken Baumkronen hindurch zu sehen. Es sind also nicht nur die abgestorbenen Flächen, die uns Sorgen bereiten. Unser Wald schwindet merklich auf ganzer Fläche.

Dass mittlerweile der Wald seine wichtige Funktion als größter terrestrischer Speicher von Treibhausgasemissionen verloren hat, zeigen die Ergebnisse der jährlichen Untersuchung zur “Landnutzung, Landnutzungsänderung und

ROBIN WOOD fordert: Abgestorbener Wald, wie hier im Nationalpark Harz, muss auf der Fläche stehenbleiben.

Forstwirtschaft", kurz LULUCF. Konnten 2019 in Deutschland 6,3 Millionen Tonnen Treibhausgasemissionen wieder gebunden werden, ist Deutschland bereits 2020 und 2021 zu einer Quelle von jährlich rund vier Millionen Tonnen Treibhausgasemissionen geworden. Für diesen Einbruch der Speicherfähigkeit sind Moorbrände, aber vor allem die Verluste an lebender und toter Biomasse in den Wäldern und ihren Böden verantwortlich.

Das Bundeswaldgesetz regelt das Walten und Wirtschaften im gesamten deutschen Wald – den Bundesforsten, den Landesforsten, den Kommunalwäldern und den Wäldern in Privatbesitz. Das Gesetz von 1975 ist heute nach fast 50 Jahren absolut nicht mehr zeitgemäß. Unsere Wälder sind neben den Mooren unsere wichtigsten ökosystemaren Schätze und unsere stärksten Partner in Zeiten des Klimawandels und des Artensterbens. Sie speichern CO_2 und kühlen die Landschaft. Sie sind unersetzliche terrestrische Lebensorte und filtern unser Grundwasser, reinigen die Luft, sind ein Ort der Erholung, schützen vor Lawinen und Fluten.

Aber bisher finden sich im Bundeswaldgesetz keine adäquaten Maßnahmen für Klimaschutz, Naturschutz und Bodenschutz. Der Schutz der Ökosystemfunktionen ist der Nutzung des Rohstoffes Holz bislang klar untergeordnet. Deshalb braucht das Gesetz schon längst eine komplette Neuorientierung.

Entwurf des neuen Bundeswaldgesetzes: Todesstoß für den Wald

Im November 2022 legte das Bundeslandwirtschaftsministerium einen ersten Entwurf für die Neufassung des Bundeswaldgesetzes vor, der allerdings zunächst nicht öffentlich war. Er wurde inzwischen auf www.forstpraxis.de, einer gemeinsamen Internet-Plattform verschiedener forstlicher Zeitschriften, veröffentlicht. Nach Diskussionen innerhalb der Bundesregierung und wahrscheinlich insbesondere auf Druck der FDP wurde dieser Entwurf gründlich überarbeitet. Einzelne Punkte dieses Prozesses gelangten in die Presse (Tagesspiegel Background). Unsere Analyse und Kritik erfolgt entlang einiger dieser Punkte.

Klar ist: Die Novellierung des Bundeswaldgesetzes zielt nicht auf flächenwirksame Veränderungen ab. Im schlimmsten Fall duldet das neue Waldgesetz die Dominanz von nichtheimischen Baumarten auf fast der Hälfte der bundesweiten Waldfläche und lässt weiterhin im gesamten Wald gigantische Kahlflächen zu. Ein Schelm wer denkt, hier könnte bewusst ein Hintertürchen für die Anpflanzung der nächsten Brotbaumart geöffnet bleiben.

Bei einem Blick auf den dramatisch schlechten Zustand der Wälder bleibt die Frage, ob wir es auf Seiten der Politik und der Wirtschaft mit einer ernstzunehmende strukturellen Demenz zu tun haben. Es ist kaum zu glauben, dass im-

Wir brauchen dringend eine umfassende Neuorientierung der Waldwirtschaft, um unsere Wälder zu retten: für den Schutz des Klimas, der Artenvielfalt und der Menschen.

mer noch stoisch vorrangig nach ökonomischem Gewinn gestrebt wird, statt unseren Wald, Klima und Artenvielfalt gemeinsam zu retten.

Politik knickt vor der Wald-Lobby ein – auf Kosten des Waldes

Mit den beiden grün besetzten Bundesministerien für Landwirtschaft und Umwelt, herrschen in dieser Legislaturperiode die besten Bedingungen für eine umfassende Neuorientierung der Waldwirtschaft. Doch wie auch schon in der Verkehrs- und Energiepolitik zeigt sich, dass grüne Minister*innen zwar progressive Ideen voranbringen können, aber eine Ampel immer noch drei Farben hat. Vor allem die FDP tritt im Kanon mit den wirtschaftlichen Lobbyvertreter*innen gerne auf die Bremse, wenn es um den Klima- und Artenschutz geht.

Der Vorsitzende des Verbandes „Familienbetriebe Land & Forst" wertet den Entwurf des neuen Waldgesetzes als einen Affront gegen die Waldbesitzenden, den man in aller Deutlichkeit ablehne. Man sehe darin einen „unlauteren Eingriff ins Eigentum und in die souveräne Bewirtschaftung". Auch die Arbeitsgemeinschaft Deutscher Waldbesitzerverbände (AGDW) lehnt den Entwurf strikt ab und ruft nach Freiheit und Vielfalt in der Bewirtschaftung. Das bisher geltende Gesetz sei auch für die kommenden Jahre eine gute und bewährte Grundlage für die Waldbewirtschaftung. Selbst der aus Naturschutzsicht schlechtere zweite Entwurf dürfe nicht umgesetzt werden. Kurz gesagt, es soll alles beim Alten bleiben.

Was das für den Wald bedeutet, konnten wir in den letzten Jahrzehnten beobachten: Wälder, die zumeist als Plantagen angelegt sind, mit Baumarten geringer Widerstandskraft und mit trockengelegten und verdichteten Böden. Diese Wälder, die zu intensiv und häufig durchforstet wurden, brechen nun unter den sich immer weiter zuspitzenden klimatischen Bedingungen zusammen.

Doch der Wald ist seit jeher mehr als anderes Grundeigentum, er ist gleichzeitig öffentliches und privates Gut. Viele der Ökosystemfunktionen entfalten gar globale Wirkung. Die daraus resultierende Verantwortung verschärft sich überdies durch die Artenkrise und die Klimakrise. Das Argument, der neue Gesetzentwurf sei ein unlauterer Eingriff ins Eigentum, offenbart, wie ungeeignet diese Wald-Lobbyisten sind, den für unser Überleben unentbehrlichen Wald zu verwalten. Bliebe alles beim Alten, blieben schwere, aus der Forstpraxis resultierende Schäden im Wald weiterhin legal. Und das kann nicht im Sinne der Waldbesitzenden sein, die ebenso wie alle anderen

Menschen auf die Ökosystemfunktionen des Waldes angewiesen sind.

Doch nicht alle Waldbesitzenden ticken so naturfern. Viele haben ihre Verantwortung erkannt und wirtschaften naturnah. Sie sichern den Wald für die Zukunft. Um es mit den Worten von Pierre Ibisch, Professor für Nature Conservation, zu sagen: „Die Forstwirte der Zukunft werden nicht alleine Holzwirte sein, sondern auch Wasser-, Klima- und Landschaftswirte." Wer diese Herausforderung annimmt, scheut auch keine Novelle des Bundeswaldgesetzes. Wer diese Rollen erfüllt und den Wald ertüchtigt, uns sein breites Portfolio an Ökosystemfunktionen zur Verfügung zu stellen, kann künftig von einer verbesserten Förderlandschaft profitieren, die das Bundeswaldgesetz flankieren soll.

ROBIN WOOD fordert von der Bundesregierung und ihren Minister*innen Cem Özdemir und Steffi Lemke eine klare Kante gegen Eigentumsdünkel einiger Waldbesitzendenverbände und eine klare Ausrichtung am Gemeinwohl. Wir brauchen eine Regulierung naturferner Forstwirtschaftspraktiken im Staats- wie im Privatwald!

ROBIN WOOD fordert eine Waldnaturschutzpolitik, die die ökosystemare Belastbarkeit der Wälder in Zeiten der Klimakrise und des Artensterbens berücksichtigt, wenn sie über das Wirtschaften im Wald der nächsten Jahrzehnte entscheidet! An einem fragilen Punkt wie diesem, bei dem es letztendlich um unser aller Überleben geht, darf diese Verantwortung nicht starken wirtschaftlichen Interessenvertretungen überlassen werden. Die Bundesregierung muss ihrer Verantwortung für den Erhalt und die Wiederherstellung der Wälder gerecht werden! Wehe dem Schwinden der Wälder!

Jana Ballenthien, ROBIN WOOD-Waldreferentin wald@robinwood.de

ROBIN WOOD fordert:

*eine bodenschonende Bewirtschaftung der Wälder, bei der nicht mehr als zehn Prozent der Waldfläche befahren wird.

* den Erhalt und die Verbesserung des Wasserrückhaltes in den Wäldern durch den Rückbau von Drainagen und Entwässerungsgräben.

* eine Entnahme des Rohstoffes Holz nur unter Einhaltung der ökosystemaren Grenzen und unter Gewährleistung großzügiger ökologischer Puffer.

* die fortlaufende Anreicherung von Totholz in allen Stärken und Altersklassen sowie mindestens zwanzig Biotopbäume pro Hektar.

* den Erhalt und die Zunahme von Natur- und Wirtschaftswäldern, die über 150 Jahre alt sind.

* die Gewährleistung der Nutzung des Waldes als Erlebnis- und Erholungsraum im naturschutzrechtlichen Rahmen. Das Betretungsrecht ist nur in besonders geschützten Zonen einzuschränken.

* die Gewährleistung und Förderung des Waldes als Bildungsort, sowohl im Sinne von Fortbildungen zur naturnahen Forstwirtschaft für Forstangestellten als auch als Lehrraum für nachhaltige Entwicklung und Natur- und Waldpädagogik.

* ein Monitoring aller ökologisch relevanten Kategorien wie zum Beispiel Artenvorkommen, Wasserhaushalt, Strukturvielfalt, Bodenqualität und Treibhausgaspeicherung.

* ein Monitoring über die Abfuhr von Holz aus dem Wald bis zum Endprodukt, also über die gesamte Lieferkette, zur Nachvollziehbarkeit einer kaskadischen Nutzung.

* den Vorrang der Altholznutzung vor der Frischholznutzung in der Zellstoff- und Papierproduktion.

* Forschungsanstrengungen für verbesserte Recyclingverfahren von Holz und Zellstoff.

* den Vorrang von Erhalt und Recycling vor Neubau in der Baubranche.

* eine Personalstruktur in allen Sektoren, die den Anforderungen dieser Praktiken gewachsen ist.

Kanadas Wälder in Flammen

Die Größe der Waldbrände von 2023 in Kanada sind beinahe unvorstellbar und zeigen einmal mehr, dass die Auswirkungen des Klimawandels ein neues schockierendes Ausmaß erreicht haben. Insgesamt fielen im gerade zu Ende gegangenen Jahr rund 18,5 Millionen Hektar Wald den Flammen zum Opfer.

Das entspricht etwas mehr als der Hälfte der Fläche Deutschlands und rund fünf Prozent der kanadischen Waldfläche (rund 362 Millionen Hektar, etwa 35 Prozent der Landfläche Kanadas). Die Feuer von 2023 übertreffen das bisher schlimmste Jahr im Land nahezu um das Dreifache. Ein Verlust, der zu Recht globale Besorgnis auslöst, denn knapp ein Zehntel der Wälder der Erde befinden sich in Kanada. Nur Russland und Brasilien haben größere Waldflächen.

Die beiden wichtigsten Waldökosysteme Kanadas befinden sich in der Taiga und der gemäßigten Zone. Die Taiga bedeckt mehr Fläche als jeder andere Waldtyp, während in den gemäßigten Regenwäldern die höchsten Bäume der Erde wachsen. Die borealen Wälder sind die Heimat zahlloser Singvögel und einiger der weltweit größten Populationen nördlicher Säugetiere, darunter Karibus, Bären und Wölfe.

Entlang der Pazifikküste von British Columbia befinden sich die größten noch intakten Gebiete mit gemäßigtem Regenwald der Erde – mit herausragender Bedeutung für Ar-

Die global bedeutenden Waldökosysteme Kanadas stehen unter stetig wachsendem Druck durch die Auswirkungen der Klimakrise.

ten, die in anderen Teilen Nordamerikas bereits verschwunden sind, wie z. B. Grizzlybären und Lachsarten des Pazifiks. Die Feuer von 2023 erstreckten sich über alle Waldregionen des Landes, von Küste zu Küste.

Die zunehmenden Brände werden hauptsächlich durch die vom Klimawandel herbeigeführten Wetterextreme angefacht, aber nicht allein. Industriell degradierte Waldlandschaften verlieren ihre lokalen klimaregulierenden Funk-

Kanada hat sich 2021 verpflichtet, den Raubbau an seinen Wäldern bis 2030 aufzuhalten und umzukehren.

tionen, trocknen schneller aus und sind daher noch mehr durch die Auswirkungen des Klimawandels gefährdet als noch intakte Waldgebiete.

Der kumulative Schaden am Wald beschleunigt den Klimawandel. Bisher haben die Wälder der Erde trotz fortschreitender Zerstörung etwa ein Viertel unserer globalen Emissionen absorbieren können. Dies ist einer der Hauptgründe, warum die globale Erwärmung nicht schon viel dramatischer ist.

Durch Raubbau und Klimafolgen – wie zunehmenden Bränden, Dürren und Insektenbefall – werden immer mehr

Wälder weltweit zu einer CO_2-Quelle, statt wie bisher einen Beitrag als CO_2-Senke zu liefern. Das bedeutet, sie nehmen weniger Kohlenstoff auf, als sie in die Atmosphäre abgeben. Laut Daten des Satellitenüberwachungdienstes der Europäischen Union wurden durch die Feuer von 2023 mehr als 1,7 Milliarden Tonnen CO_2 in Kanada freigesetzt – etwa das Dreifache der gesamten Emissionen, für die Kanada direkt verantwortlich ist.

Die lebenserhaltenden Funktionen der Wälder werden schon lange durch den Menschen beeinträchtigt. Vor Beginn der großräumigen Umwandlung natürlicher Landschaften war die Hälfte der Landmasse unseres Planeten bewaldet. Heute sind es nur noch etwa 30 Prozent. Mit diesem Waldverlust, der größtenteils in den letzten Jahrzehnten stattfand, hat die Welt einen bedeutenden Teil der globalen Artenvielfalt und der natürlichen Kohlenstoffsenken verloren.

Das ist eine riesige Gefahr, denn global speichern Wälder etwa 340 Milliarden Tonnen Kohlenstoff. Das entspricht etwa 34 Jahre jährlicher globaler Emissionen. Wir können es uns schlicht nicht leisten, dass immer mehr dieser wertvollen Kohlenstoffsenken kollabieren!

Raubbau statt globaler Verantwortung

Trotz relativem Wohlstand und geringer Bevölkerungsdichte hat Kanada den Schutz der Wälder und die Kontrolle über die Industrie in vielen Regionen des Landes vernachlässigt. Zwar befinden sich mehr als 90 Prozent der kanadischen Wälder in öffentlicher Hand. Doch die Abholzungsrechte für die meisten Wälder von wirtschaftlichem Wert wurden schon vor vielen Jahrzehnten an große Unternehmen vergeben, von denen viele unter schwacher staatlicher Regulie-

Kanadas Wälder haben herausragende Bedeutung für Arten, die in den anderen Teilen Nordamerikas bereits verschwunden sind.

rung und Kontrolle arbeiten. Kanada verliert durch die industrielle Abholzung langfristig die ökologischen Struktur intakter Wälder und das nun oft verbunden mit Bränden und anderen Klimafolgen. Dieser allmähliche Prozess der industriellen Degradierung ist für das Land mittlerweile ein viel größeres Problem als die Entwaldung, also der vollständige Verlust von Wald. Im Jahr 2014 zeigte eine Analyse von Greenpeace und der University of Maryland, dass zwischen 2000 und 2013 weltweit mehr als 100 Millionen Hektar intakter Wälder durch Degradierung verloren gingen. Das sind etwa acht Prozent der zu Beginn des Jahrtausends noch vorhandenen intakten Wälder. Schockierenderweise trug Kanada mit 21 Prozent mehr zu diesem Verlust bei als jedes andere Land der Welt.

Der größte Faktor der Degradierung ist der industrielle Holzeinschlag, und der Trend ist ungebrochen. Laut dem letzten Waldbericht der kanadischen Bundesregierung wurden in Kanada 2020 etwa 733 000 Hektar Wald abgeholzt. Im Gegensatz dazu betrug die Entwaldung, z. B. durch Bebauung, im selben Jahr nur 49 000 Hektar.

Die Zerstörung durch industriellen Holzeinschlag in Kanada geht ungebremst weiter

Als Gastgeber für die UN-Biodiversitätskonferenz COP15 in Montreal Ende 2022 spielte Kanada eine positive Rolle bei der internationalen Einigung auf das Ziel, bis 2030 30 Prozent der globalen Ökosysteme zu Lande und zu Wasser zu schützen. Doch bisher hat Kanada nur etwa 12 Prozent seiner Landfläche als Schutzgebiete ausgewiesen, und die Regierung ist bei der Erreichung ihrer Ziele auf die Unterstützung durch die Provinzregierungen angewiesen.

Glücklicherweise gibt es Fortschritte in vielen indigenen Territorien zu verzeichnen. Dort erstreiten die First Nations, die Ureinwohner*innen Kanadas, zunehmend die Kontrolle über Landnutzung und über die industrielle Aktivitäten, seit das Land die Umsetzung der United Nations Declaration on the Rights of Indigenous Peoples (UNDRIP) unterstützt.

First Nations in zahlreichen Regionen treiben Vorschläge für indigene Schutzgebiete voran (Indigenous Protected and Conserved Areas, IPCAs). Um zerstörerische Aktivitäten wirkungsvoll zu stoppen, brauchen diese Gebiete aber die legale Anerkennung durch Provinz- und Bundesregierungen.

Doch selbst wenn in Zukunft ein größerer Teil des Landes unter Naturschutz steht, muss die industrielle Degradierung der Wälder insgesamt ein Ende finden. Dort wo weiterhin forstwirtschaftliche Nutzung stattfinden kann, muss mittelfristig eine schonende Bewirtschaftung ohne Kahlschläge eingeführt werden. Der Druck auf Kanada ist gestiegen, seitdem das Land beim UN Klima-Gipfel 2021 die Glasgow Leaders' Declaration on Forests and Land Use unterzeichnet hat, denn diese Walderklärung verpflichtet die unterzeichnenden Staaten sowohl den Verlust von Wäldern als auch die Degradierung von Waldökosystemen bis 2030 aufzuhalten und umzukehren.

Die erschreckenden Brände des letzten Jahres in Kanada zeigen, dass die Welt nur wenig Zeit hat, noch schlimmere Katastrophen aufzuhalten. Ein rasches Ende der Nutzung fossiler Energie, der Schutz der natürlichen Ökosysteme und die komplette Umstellung forstwirtschaftlicher Aktivitäten auf eine schonende Nutzung sind dafür unabdingbar, in allen Teilen der Welt.

Jens Wieting ist Campaigner bei der kanadischen NGO Sierra Club BC.
Vorher hat er als Tropenwaldreferent für ROBIN WOOD gearbeitet,
jens@sierraclub.bc.ca

Zum Weiterlesen:
Im Januar ist ein umfassender NGO Bericht zur Lage der Wälder Kanadas erschienen https://www.stateoftheforest.ca/

Weitere Quellen für Angaben in diesem Artikel finden sich auch in diesem Tyee-Beitrag zum Thema von Jens Wieting https://bit.ly/41Wlwdu

Dr. Peter Wood hat in einem Bericht für den Sierra Club BC zusammengefasst, wie die Auswirkungen des Klimawandels, wie Dürren, Hitzewellen, Erdrutsche, Überflutungen und Feuer durch industrielle Waldzerstörung noch bedrohlicher werden: https://bit.ly/47zNywz

Baum des Jahres 2024:
Die Mehlbeere

Die Mehlbeere ist ein Baum lichter Wälder und offener Landschaften. Sie wird aber auch als zukunftsfähiger Baum in den Süden gehandelt.

Die Echte oder auch Gewöhnliche Mehlbeere, Sorbus aria, gehört nicht gerade zu den mächtigsten Baumarten. Zwölf, selten auch mal fünfzehn Meter Höhe schafft sie aber durchaus. Im milden englischen Klima sollen sogar über 20 Meter möglich sein. Aber immerhin: Sie kann ein Alter von 150 bis 200 Jahren erreichen. Beeindruckend ist sie allemal. Schon im Frühjahr so ab Mitte März fällt sie auf, wenn sich ihre großen, klebrigen, braun und grün changierenden Knospen öffnen und die gänzlich vom dichten silbergrauen Haarfilz bedeckten Triebe, Blätter und Blütenknospen zutage treten. Diese Behaarung verschwindet nach und nach, bleibt aber an den Blüten und vor allem an den Blattunterseiten als Verdunstungsschutz bis in den Herbst erhalten.

Wenn im Sommer ein leichter Wind die Blätter hebt und die Blattunterseiten sichtbar werden, ist die Mehlbeere auch aus größerer Entfernung an der silbern flimmernden Baumkrone gut zu erkennen. Ab Mitte Mai, bei kühlerem Wetter auch später, beginnt die Mehlbeere zu blühen. Die weißen, leicht cremefarbigen Blüten in doldenartigen, botanisch korrekterweise schirmrispigen Blütenständen stehen in wunderschönem Kontrast zu den mittlerweile matt-dunkelgrünen Blattoberseiten. Und wunderschön sind ab Mitte September auch die sich nach und nach oran-

Dies ist mit über 150 Jahren die wohl älteste Mehlbeere Deutschlands. Sie steht auf einer Anhöhe bei Holzelfingen, südlich von Reutlingen.

ge bis scharlachrot färbenden Früchte in der nun gelb bis goldbraun gefärbten Laubkrone.

Ihr Name Mehlbeere lässt für den Geschmack der Früchte nichts Gutes vermuten. Und in der Tat: Die Früchte, rundlich-oval und ein bis anderthalb Zentimeter groß, schmecken mehlig und eher langweilig. Nach dem ersten Frost allerdings ist der Gehalt an Gerbstoffen verringert und es kommt eine gewisse Süße durch, sodass der Saft der Früchte zumindest als Beimischung zu Säften, Marmeladen und Gelees infrage kommt. Auch Essig oder Branntwein lässt sich nach Zugabe von Zucker aus den Früchten gewinnen.

Die kleinen Kerne, zwei Stück pro Frucht, sind zwar nicht giftig, aber unbekömmlich und können Brechreiz verursachen. Eine größere wirtschaftliche Bedeutung haben diese Früchte aus all diesen Gründen nie erlangt. Auch wenn es vereinzelt Berichte gibt, zum Beispiel aus Burgund und

Lothringen, in denen die Mehlbeerenfrüchte als Delikatesse bezeichnet werden. Oder aus der Schweiz: Dort wurden zumindest in Notzeiten die Mehlbeeren dem Mehl beigemischt und dann zu einer Art Früchtebrot verarbeitet.

Vögel dagegen mögen diese Früchte, vor allem Drosseln, aber auch Dompfaffen und Seidenschwänze. Sie sind es, die in erster Linie zur Verbreitung dieses Baumes beitragen. Auch viele Säugetiere – von Mäusen bis Wildschweinen – können den Beeren etwas abgewinnen, müssen aber meist bis zum nächsten Jahr warten und sehen, ob die Vögel etwas übriggelassen haben. Denn die Fruchtstände sind sogenannte Wintersteher, die erst nach und nach im darauffolgenden Jahr abfallen.

Letzendlich ist der Ursprung des Namens Mehlbeere nicht eindeutig belegt. Neben dem mehligen Geschmack der Früchte sollen die bemehlt aussehenden jungen Triebe und Blattunterseiten oder auch die Beimischung getrockneter Mehlbeerenfrüchte zur Streckung von Mehl in Notzeiten zur Namensgebung beigetragen haben.

Ein Baum offener Landschaften
Die lichtliebende Mehlbeere ist nach der letzten Eiszeit über das südöstliche Europa eingewandert. Heute ist sie rund um das westliche Mittelmeer und in Teilen von West- und Mitteleuropa zu Hause. Ihre natürliche nördliche Verbreitungsgrenze verlauft uber Sudengland und Belgien quer durch Deutschland über die Eifel, durch Nordhessen sowie den Thüringer Wald. Im deutsch-tschechischen Vogtland erreicht sie bereits ihre Nordostgrenze. Im gesamten Norddeutschen Tiefland kommt die Mehlbeere zumindest von Natur aus nicht vor. Sie ist in Deutschland ein Baum der hü-

Die weißen Blüten im Frühjahr stehen in wunderschönem Kontrast zu den matt-dunkelgrünen Blattoberseiten.

geligen und bergigen Landschaften bis in den alpinen Raum hinein, wo sie bis auf etwa 1600 Meter klettert.

Wichtig sind ihr vor allem sonnige Standorte und wenig Konkurrenz. Sie kommt zwar auch in Kiefern-, Eichen- oder Buchenwäldern vor, aber doch eher nur dort, wo diese Wälder aufgrund schwieriger Boden- und Klimaverhältnisse lichte Bereiche haben. Ansonsten ist die Mehlbeere an Waldrändern, in Heidegebieten, auf Mager- und Trockenrasen anzutreffen. Auch an Steilhängen und auf Felsblockhalden kommt sie zurecht, entwickelt sich dort allerdings meist mehrstämmig oder nur strauchförmig. Sie liebt, auch wenn sie nicht darauf angewiesen ist, kalkreiche Böden. Was sie aber nicht liebt, sind quarzhaltige Böden. Dies ist einer der maßgeblichen Gründe, warum sie in Norddeutschland nicht vorkommt, weder in den sandigen Heidegebieten, noch auf der überwiegend aus Granit bestehenden Kuppe des Harzes.

Die Verbreitung ihrer Früchte durch Vögel und ihre Vorliebe für lichte und sonnige Standorte macht sie zu einem Pionierbaum, der in den derzeitigen unter den Folgen der Klimaerwärmung zusammenbrechenden Waldflächen Fuß gefasst hat. Allerdings wird die Mehlbeere wohl aufgrund ihres vergleichsweise langsamen Wachstums schon recht früh wieder von anderen nachwachsenden Baumarten von diesen Flächen verdrängt werden.

Es ist anzunehmen, dass die Mehlbeere früher häufiger auch innerhalb der Waldgebiete anzutreffen war, als diese noch durch Waldweide, Köhlerei und kurzumtriebige Nieder- und Mittelwaldwirtschaft stärker aufgelichtet waren. Heute wird die Pflanzung von Mehlbeeren vor allem bei der Anlage von Lawinenschutzwäldern in den alpinen Bergregionen gefördert. Auch für die seit einigen Jahren zunehmenden Wildobstpflanzungen zur Förderung des Naturschutzes wird die Mehlbeere ausdrücklich empfohlen.

Karriere in der Stadt

Ihr ansprechendes Aussehen, ihre Vorliebe für offene Standorte und ihre Fähigkeit längere Trockenperioden zu ertragen, haben die Mehlbeere zu einem gern gepflanzten Stadtbaum werden lassen – sehr zur Freude auch der zunehmenden Gemeinde der Stadtimker. Man trifft die Mehlbeere in Grün- und Parkanlagen, auf Plätzen und am häufigsten entlang von Straßen und Wegen. Allerdings sollte in diesen Alleen auf jeden Fall auf den Einsatz von Streusalz verzichtet werden, denn darauf reagiert die Mehlbeere empfindlich. Auch außerhalb der Städte wird sie vorrangig an Nebenstrecken gern als Alleebaum gepflanzt.

Es ist zu erwarten, dass die Mehlbeere auch mit der in den kommenden Jahren sicherlich höheren Sonneneinstrahlung und den zunehmenden Trockenperioden gut zurechtkommen wird. Die bundesweite Gartenamtsleiterkonferenz (GALK) hat die Mehlbeere daher in die Liste der Zukunftsbäume für die Stadt aufgenommen.

Eine weitere Mehlbeeren-Art, die Schwedische Mehlbeere, gilt als ein den zunehmenden Temperaturen und Trokkenperioden trotzender Zukunftsbaum für die Stadt. Ihre eigentliche Heimat hat sie vor allem in Südschweden gefunden. In Småland prägt sie sogar Wälder. Aber sie wächst auch auf Bornholm und den Åland-Inseln sowie an den Küsten Südfinnlands, der baltischen Staaten und Polens. Ob sie auch in Deutschland auf Hiddensee und Rügen heimisch war, ist umstritten.

Auf jeden Fall ist sie in Deutschland schon seit über hundert Jahren gerne als schmucker Alleebaum in Städten und an Landstraßen sowie als Park- und Hausbaum gepflanzt worden. Allerdings verwildert sie hier zunehmend

Foto: Rolf Kehr

Die wunderschöne Allee aus Schwedischen Mehlbeeren wurde schon vor über hundert Jahren angelegt. Sie steht im Nordwesten Thüringens im Eichsfeld zwischen den Orten Heuthen und Wachstedt und ist heute als Naturdenkmal geschützt.

und breitet sich besonders in den offenen Mittelgebirgslandschaften aus.

Neue Arten im Wechsel von sexueller Freiheit und sexuellem Verzicht

Die Mehlbeere und einige verwandte Arten neigen dazu zu bastardieren. Sie kreuzen und vermehren sich also nicht nur innerhalb der eigenen Art, sondern gelegentlich auch mit nah verwandten Arten. Die Mehlbeere gilt dabei als außerordentlich bastardierfreudig. So gibt es zahlreiche Bastarde mit nah verwandten Arten wie der Eberesche, der Elsbeere oder der Zwerg-Mehlbeere. Aber sie bastardiert auch mit nicht so nah verwandten Arten wie der Apfelbeere (Aronia) oder der Kultur-Birne (siehe Bollweiler Birne Seite 184).

Diese Mehlbeeren-Bastarde sind im Allgemeinen steril. Wegen der zu unterschiedlichen Strukturen der elterlichen Chromosomen wird die Entwicklung zu einer befruchtungsfähigen Eizelle blockiert. Aber die Mehlbeeren-Bastarde haben dafür einen Ausweg gefunden, um doch für eigene Nachkommen zu sorgen: Eine normale Zelle des Gewebes nahe der blockierten Eizelle kann umgestimmt und zur Bildung von keimfähigen Samen angeregt werden. Eine Bestäubung der Blüte, ohne nachfolgende Befruchtung, kann diese Umstimmung befördern.

Von außen und mit bloßem Auge ist nichts Ungewöhnliches zu erkennen: Der Mehlbeeren-Bastard blüht, die Blüte wird bestäubt und in den Früchten werden keimfähige Samen gebildet. Aber: Diese Nachkommen sind, da keine Befruchtung stattgefunden hat, auf natürliche Weise geklonte Pflanzen, völlig identisch mit ihrer Mutterpflanze. Und diese und alle weiteren Nachkommen können sich dann auf die gleiche ungeschlechtliche Art immer weiter vermehren.

Diese eindrucksvolle etwa 150-jährige Mehlbeere steht im Arboretum Sprunghöhe oberhalb der Heidelberger Altstadt und hat einen Stammumfang von drei Metern.

Diese sogenannten konstanten Hybriden werden inzwischen als eigenständige Arten angesehen. Über dreißig solcher konstanten Mehlbeer-Hybriden sind mittlerweile allein in Süddeutschland und Thüringen identifiziert worden.

Viele dieser Hybriden, vermutlich solche, die erst in neuerer Zeit entstanden sind, haben innerhalb der vorhandenen Vegetation lediglich kleinräumige, schwer zu besiedelnde Standorte für sich gefunden – auf Felskuppen oder Steilhängen zum Beispiel. Nicht wenige dieser neuen Arten sind sogenannte Kleinarten, deren gesamte Population aus weniger als 200 Individuen besteht.

Die große Zeit der Mehlbeer-Hybriden war aber sicherlich das Ende der letzten Eiszeit, als die Gletscher sich zurückzogen und weite vegetationsfreie oder zumindest tundrenartige Landschaften hinterließen. Bei der Besiedlung dieser Gebiete waren Pflanzen wie die Mehlbeer-Hybriden im Vorteil, da sie zu ihrer Vermehrung nicht darauf angewiesen waren durch Insekten bestäubt zu werden, die zunächst ja noch sehr rar in diesen Gebieten waren. Und so finden sich in Nordeuropa, in den skandinavischen Ländern und auf den schottischen und norwegischen Atlantikinseln, heute noch eine ganze Reihe großer und weit verbreiteter Populationen konstanter Mehlbeer-Hybriden.

Eine dieser skandinavischen Hybriden ist die oben bereits beschriebene Schwedische Mehlbeere, die zudem eine weitere ungewöhnliche Besonderheit aufweist. Sie ist nämlich ein sogenannter Tripel-Bastard, entstanden aus den drei Arten Mehlbeere, Elsbeere und Eberesche. Als Erklärung für eine solche ungewöhnliche Dreierkombination wird angenommen, dass Mehlbeer-Bastarde sich gelegentlich doch wieder sexuell vermehren und dann erneut mit einer weiteren Art bastardieren können.

Rudolf Fenner vertritt ROBIN WOOD im Kuratorium Baum des Jahres (KBJ):
Fachbeirat der Baum des Jahres – Dr. Silvius Wodarz-Stiftung,
rudolf.fenner@robinwood.de

Die **Früchte der Mehlbeere** werden gewöhnlich Beeren genannt. Klein wie Beeren sind sie ja. Und auch einige nah verwandte Baumarten führen die ‚Beere' in ihrem Namen: Elsbeere, Vogelbeere oder Oxelbeere (anderer Name für die Schwedische Mehlbeere). Doch botanisch korrekt wäre es, die Früchte als Apfelfrüchte zu bezeichnen. Denn wie beim Apfel, der ebenfalls zur näheren Verwandtschaft der Mehlbeere gehört, ist die eigentliche Frucht lediglich das sogenannte Kerngehäuse. Das mehr oder weniger saftige Drumherum ist der Blütenboden, in den die Fruchtanlage eingebettet ist, und der sich im Verlauf der Reife verdickt und die Frucht umschließt. Der vertrocknete Rest der Blüte ist wie beim Apfel auch bei der Mehlbeere am oberen Ende der Frucht noch gut zu erkennen.

Das **Holz der Mehlbeere** gehört zu den härtesten europäischen Hölzern. Es ist ein helles Holz, das sich, wenn es gedämpft wird, hellbraun bis rosa tönt und damit dem für die Herstellung edler Möbel und Wandtäfelungen sehr gesuchten Birnbaumholz ähnelt. Tatsächlich wird das Mehlbeerholz, wie auch das Holz der nah verwandten Elsbeere und der Eberesche, unter dem Handelsnamen Schweizer Birnbaum vermarktet. Im Stammholz älterer Mehlbeerbäume bildet sich gelegentlich ein unregelmäßiger rotbrauner Kernbereich aus. Wegen seiner außerordentlichen Härte wurde das Holz der Mehlbeere früher zur Herstellung von Zahnrädern, Messinstrumenten, Fassdauben und Werkzeugstielen verwendet. Auch Kegelfiguren und die dazugehörigen Kugeln, Tabakpfeifen, Schalen und Löffel wurden aus ihrem Holz gefertigt.

Die **Bollweiler Birne**, auch Hagebuttenbirne genannt, ist das berühmt gewordene Beispiel für die ungewöhnliche Liaison der Mehlbeere mit einer Kultur-Birne. Ein aus dieser Verbindung hervorgegangener Bastard wurde erstmals im 16. Jahrhundert im Schlossgarten von Bollweil im Elsass entdeckt. Ihre kleinen etwa drei Zentimeter langen, gelben, rotbackigen Früchte fallen nicht immer birnenförmig, sondern auch hagebutten- oder apfelförmig aus. Sie werden bis heute vor allem aus dekorativen Gründen gärtnerisch weiter kultiviert – meist durch Pfropfung. Keimfähige Samen bildet die Bollweiler Birne nur ganz selten.

Die Bedeutung von Geborgenheit für den Aktivismus bei ROBIN WOOD

„Ich habe mich in der Aktionsgruppe gut aufgehoben gefühlt. Wir haben alle aufeinander aufgepasst, das hat mir Mut gegeben." Das sagte ein*e ROBIN WOOD-Aktive*r im Nachgang einer Aktion zu mir. Für mich als Aktivenunterstützerin ist das eine schöne Rückmeldung. Ein Ziel meiner Arbeit ist, dass sich möglichst viele Menschen im Verein und bei Aktionen wohl und ermächtigt fühlen. Ich freue mich riesig, wenn wir das gemeinsam schaffen und meine Arbeit Früchte trägt. Für mich als Bewegungs- und Transformationsforscherin steckt in diesen Worten aber noch viel mehr. Ich erkenne darin, dass es um Geborgenheit geht. Geborgenheit – dieses Gefühl kennen wir wahrscheinlich alle. Gleichzeitig ist es gar nicht so einfach, zu erklären, was das überhaupt ist. In den meisten Sprachen gibt es überhaupt kein Wort dafür. Um dieser Sprachlosigkeit etwas entgegenzusetzen, habe ich meine Masterarbeit über Geborgenheit geschrieben. Denn ich bin überzeugt davon, dass Geborgenheit in aktivistischen Gruppen einen Unterschied machen kann.

Geborgenheit ist für viele Menschen eine Mischung aus Sicherheit, Zugehörigkeit, Zuhausesein und Gemütlichkeit.

Nur gemeinsam erreichen wir unser Ziel!

Meiner Meinung nach entsteht Geborgenheit vor allem in der Beziehung von einem Mensch zu anderen Menschen, zu sich selbst und zur (Um) Welt. Es gibt bisher keine große wissenschaftliche Auseinandersetzung mit dem Konzept der Geborgenheit. Im Globalen Norden gibt es nur eine Handvoll Psycholog*innen und Philosoph*innen (meistens Männer), die Texte zu dem Thema veröffentlicht haben. Deren Ausführungen waren hilfreiche Startpunkte für meine Arbeit, jedoch wird Geborgenheit hier oft als individuelles, unpolitisches Gefühl umrissen. Das ging mir nicht weit genug. Ich habe gefragt: „Wie verhält sich Geborgenheit, wenn man sie aus ihrem vertrauten Umfeld zwischen gutbürgerlicher Gemütlichkeit und liebevoller Sicherheit herausoperiert? Was geschieht mit ihr zwischen Klimakrise, Polizeiketten und Grenzzäunen?“ Meiner Auffassung nach muss Geborgenheit (auch) als etwas Kollektives verstanden werden. Sowohl ihre Bedingungen als auch ihre Auswirkungen sind politisch.

Doch was bedeutet Geborgenheit im Aktivismus überhaupt und auf welche Art und Weise wird sie hergestellt? „Hergestellt“ sage ich, weil aus emotionssoziologischer

Sicht alle Gefühle aktiv (das heißt nicht unbedingt bewusst) gemacht werden, z.B. durch Sprache, Berührungen, Verhaltensweisen etc. In meiner Arbeit habe ich vier verschiedene Formen von Geborgenheit im Aktivismus herausgearbeitet, die ich im Bezug auf ROBIN WOOD erklären möchte.

Foto: Moritz Heck/ROBIN WOOD

Musizieren während einer AKW-Blockade trägt zu einer situativen Geborgenheit bei.

Geborgenheit lässt sich bei ROBIN WOOD z. B. in den Forderungen und Zielen erkennen. Wenn wir fordern, dass es in Zeiten der Klima- und Energiekrise eine Umverteilung von reich zu arm geben soll und dabei kritisieren, dass arme Menschen kalte Wohnungen haben, dann lässt sich darin ein Kampf gegen Geborgenheitsverlust bzw. für eine gerechtere Geborgenheitsverteilung erkennen. In meiner Arbeit habe ich das **programmatische Geborgenheit** genannt.

Politische Aktionen, wie wir sie machen, sind meiner Meinung nach oft zunächst eine Ungeborgenheitssituation: Aktivist*innen sind z.B. Kälte oder Polizeigewalt ausgesetzt und gehen auch ein persönliches Risiko ein, gerade das macht zivilen Ungehorsam ja auch so stark! In vielen aktivistischen Gruppen und auch bei ROBIN WOOD lassen sich aber im Gruppenleben viele Praktiken erkennen, die diesen Ungeborgenheitsgefühlen etwas entgegensetzen. Dazu gehören Freundschaften und gegenseitiges Auffangen nach Aktionen. Diese Form nenne ich **situative Geborgenheit**.

Materielle und organisierte Geborgenheit entsteht, wenn das Klettern vor einer Aktion sicher geübt wird.

Während es hierbei eher um „ungeschriebene" Verhaltensweisen geht, betrachtet **organisierte Geborgenheit** die Form von Geborgenheit, die mithilfe von formalisierten Strukturen hergestellt wird. Dazu gehören bei ROBIN WOOD z.B. Befindlichkeitsrunden, ein Aktionskonsens oder Bezugsgruppen. Andersherum können wir Praktiken der Polizei (z.B. Hausdurchsuchungen) als gezielte Geborgenheits(zer)störung verstehen.

Bei der **materiellen Geborgenheit** geht es um Geborgenheit, die durch Räume oder Gegenstände ausgelöst wird. Ein naheliegendes Beispiel hierfür ist das Klettermaterial, das zu einem Sicherheitsgefühl führen kann. Aber auch ein gemütlicher Plenumsraum, ein Müsliriegel in einer Aktion oder der Baum, auf dem man mehrere Wochen verbringt, kann dazu beitragen, dass Menschen sich geborgen fühlen.

Es gibt also viele unterschiedliche Formen von Geborgenheit. Auf den ersten Blick wirkt es vielleicht so, als wäre diese Geborgenheit immer „gut" und als sollten wir anstreben, sie in unseren Aktionsgruppen zu vergrößern. Das ist erstmal auch nicht so abwegig, schließlich sind Menschen laut dem Psychologen Hans Mogel „geborgenheitsorientierte Wesen". Er ist davon überzeugt, dass wir unser Leben immer danach ausrichten, möglichst viel Geborgenheit zu erleben.

Doch nicht alle Menschen haben gleichen Zugang zu Geborgenheit, deshalb ist es wichtig, sie auch kritisch zu betrachten. Geborgenheitserleben ist nicht immer für alle gleich möglich und manchmal auch ungerecht verteilt, weil es unter anderem mit wirtschaftlichen und sozialen Ressourcen zusammenhängt. Geborgenheit lebt auch von Grenzen und Ausschlüssen: Wenn wir bei ROBIN WOOD zusammenkommen, haben wir z. B. eine bestimmte Art zu sprechen (wir sagen „Gesa" statt Gefangenensammelstelle) oder uns zu kleiden (wir tragen ROBIN WOOD-Pullis).

Für die Eingeweihten löst diese sogenannte „Kollektive Identität" ein wohliges Gefühl aus, für Menschen, die (noch) nicht Teil davon sind, kann das aber sehr abschrekkend wirken. Auch, wenn wir das vielleicht gar nicht wollen, erzeugen wir damit Ausschlüsse. Die Geborgenheit des einen kann also manchmal auch Ungeborgenheit für die andere bedeuten: Es gibt unterschiedliche Geborgenheitsbedürfnisse, die sich manchmal widersprechen. Die Frage, wessen Bedürfnis dann erfüllt wird, entscheidet sich leider oft entlang von ohnehin existierenden Machtstrukturen.

Es zeigt sich also: Geborgenheit kann ungerecht sein und bestehende Machtverhältnisse verstärken. Deshalb möchte ich sie aber nicht grundsätzlich verfluchen. Wir müssen einfach gut aufpassen, wie wir sie herstellen und wie wir mit ihr arbeiten, wen wir dabei ausschließen und wie wir sie inklusiver gestalten können. Geborgenheit hat transfor-

matives Potenzial – die Hoffnung auf Geborgenheit in einer aktivistischen Gruppe kann Menschen in den Aktivismus hineinziehen, kann ihnen Kraft geben, sich zu engagieren. Wenn sie sich geborgen fühlen, kann das dazu führen, dass sie langfristig aktiv bleiben. Doch während wir in unserer Gruppe Geborgenheit produzieren, werden immer auch Menschen ausgeschlossen, dessen sollten wir uns bewusst sein.
Ein Ziel von uns könnte sein, Geborgenheit auszuweiten: Sprachen sprechen, die möglichst viele Menschen einbeziehen und diese aber auch immer wieder erklären, neue Menschen an die Hand nehmen, immer wieder uns und unsere Selbstverständlichkeiten und Privilegien hinterfragen und natürlich auch im Großen dafür kämpfen, dass immer mehr Menschen auf der Welt Geborgenheit erleben können oder Geborgenheit nicht verlieren.

Geborgenheit in Zeiten von Klimakrise, Rechtsruck und Pandemien aufrechtzuerhalten ist übrigens gar nicht so einfach. Deshalb ist es umso wichtiger, dass unser Aktivismus ein Ort sein kann, an dem wir uns gut aufgehoben fühlen und aufeinander aufpassen. Die Aktionsgruppe „ausgeco2hlt“ beschreibt die Bedeutung von Gemeinschaft in krisenhaften Zeiten sehr treffend: „Wir schauen uns im Abgrund so richtig gründlich um und klettern zusammen wieder raus.“ Und das können wir bei ROBIN WOOD doch besonders gut, oder?

Clara Tempel ist seit 2022 Aktivenunterstützerin bei ROBIN WOOD. Im Studiengang Transformationsstudien an der Europa-Universität Flensburg schrieb sie ihre Masterarbeit mit dem Titel „Geborgenheit in Bewegung(en)“.. Die Arbeit erscheint 2025 als Buch im Verlag Graswurzelrevolution

Das Solarpaket 1

Am 16. Mai 2024 trat das bereits im Juni 2023 vorgelegte Solarpaket in Kraft. Das erklärte Ziel des Paketes ist es, den Bau und Betrieb von PV-Anlagen zu entbürokratisieren und den Zubau von Photovoltaik weiter zu beschleunigen. Auch Balkonkraftwerke sollen ab sofort einfacher installiert und betrieben werden können. Das Ergebnis zeigt Licht und Schatten: Balkon-PV und Mieterstrommodelle profitieren zwar, aber bei den Ausbauzielen für Photovoltaik ist noch viel Luft nach oben!

„Wir freuen uns darüber, dass in den jetzigen Gesetzesänderungen einige unserer Vorschläge gehört wurden und leidige Themen für Anlagenbetreiber endlich vom Tisch sind", sagt Susanne Jung, Bundesgeschäftsführerin des SFV. Dazu gehören insbesondere eine Lösung für die Abrechnung minimaler Strombezüge bei Wechselrichtern, ein Problem, auf das der SFV bereits seit Jahren hinweist und dazu zuletzt intensiv mit den zuständigen Ministerien im Gespräch war. Auch die Verlängerung der Regelung für Ü20-Anlagen bis 2032 (statt vorher 2027) ist ein Erfolg für den Verein.

Doch im Solarpaket steckt noch viel mehr. Von Bürokratieabbau bei Balkon-PV, über verbesserte und neue Mieterstrommodelle, höhere Anreize für größere Dachanlagen und der Vergütungsmöglichkeit für Garten-PV-Anlagen, neue Möglichkeiten zum Einsatz von Stromspeichern bis hin zu klaren, umweltverträglichen Kriterien zur Umsetzung von Freiflächensolaranlagen zwecks Förderung der Biodiversität.

Einige Chancen hat das Solarpaket nicht genutzt. So sind die Ausbaupfade nicht angehoben worden, obwohl die Solarwirtschaft 2023 gezeigt hat, dass sie mehr kann. Diesen Spielraum hätte der Gesetzgeber nutzen müssen, wenn er der Klimaproblematik die Priorität einräumt, die es braucht. In letzter Sekunde wurde sogar noch die Verschlechterung in das Paket hineingeschrieben, wonach Dachanlagen ab 750 kWp (vorher 1000 kWp) zwingend ins Ausschreibungsverfahren müssen – ein unnötiges bremsendes Element.

Informationen zur Nutzung von Solarenergie und mehr über die beschlossenen Maßnahmen zum Solarpaket 1und erhalten Sie hier: www.sfv.de/neues-aus-dem-solarpaket-die-wichtigsten-aenderungen

Solarenergie-Förderverein Deutschland e.V. (SFV), Aachen

Foto: iStock/Maryane Serdynska

Das Solarpaket 1 macht es ab Mai 2024 möglich, Balkonkraftwerke einfacher zu betreiben.

Ich kann etwas tun

Durch einen überlegten Umgang mit Papier zur Wald- und Klimaschützer*in werden

Zwar ist der deutsche Papierkonsum in den letzten Jahren gesunken. Aber wir verbrauchen mit rund 100 Kilogramm für Papierverpackungen genauso viel wie z. B. die Schweiz, Norwegen oder Lettland insgesamt an Papier verbrauchen.

Dagegen können wir alle etwas tun. In den vorgestellten Materialien sind die Erfahrungen und Materialien jahrzehntelanger Bildungsarbeit eingeflossen. Mit ihnen können Sie vielfältig aktiv werden und noch mehr Menschen informieren und motivieren, Papier sparsam zu nutzen und Recyclingpapier mit dem Blauen Engel zu verwenden.

Wanderausstellung

Die Ausstellung „Papier – weniger ist mehr" von ROBIN WOOD wird in ganz Deutschland vielseitig präsentiert. Sie informiert über die Auswirkungen des weltweit stetig wachsenden Papierverbrauchs und zeigt die dunklen Seiten weißen Papiers und Alternativen.

Einige Aussteller*innen bieten im Rahmen der Ausstellung zusätzliche Aktivitäten für Gruppen an und bereichern die Informationsvermittlung mit eigenen kreativen Elementen. Folgende Materialien können bei uns für eine Ausstellung gratis ausgeliehen werden: Sechs selbststehende Roll-Ups (85 cm breit und 2,00 m hoch) die überall platziert werden können, eine Waage, auf der Besucher*innen der Ausstellung selbst ausprobieren können, wie viel Holz für Papier verbraucht wird und ein Quiz inklusive einer Box

Wie viel Holz wird für einen Schreibblock verbraucht?

dafür. Spezielle Ausstellungsräume sind nicht erforderlich. Die Texte gibt es auf Wunsch auch in französischer Übersetzung. Lediglich die Versandkosten müssen getragen werden.

Hier können Sie die Ausstellung (vor-)bestellen und/oder weitere Informationen bekommen: Angelika Krumm Tel.: 03332 511459, E-Mail: papier@robinwood.de

Unterrichtsmaterialien

Das digitale Bildungsmaterial „Unterrichtsmaterialien Papier - von Natur bis Kultur“ liefert ein ansprechendes Angebot für alle, die jungen Menschen Wald- Arten- und Klimaschutz zum Anfassen näher bringen möchten.

Es behandelt unterschiedlichste Aspekte in neun Bausteinen: Kultur, Erzeugung, Wald, Soziale Folgen, Verbrauch, Altpapier, Logos, Parcours und Handeln. Je nach

VERBRAUCH VON PAPIER, KARTON UND PAPPE

In Prozent:

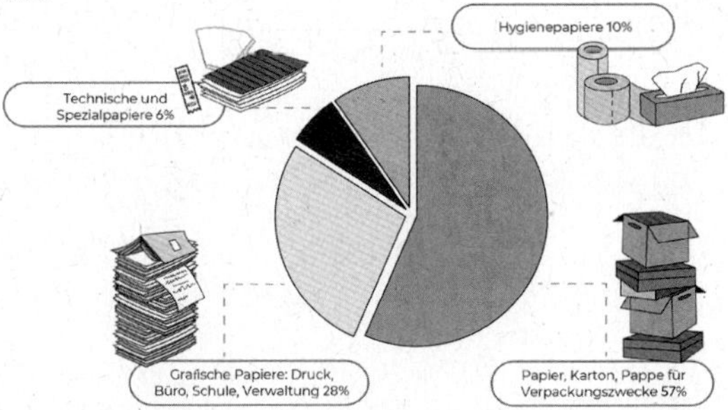

100% Gesamtverbrauch

In absoluten Zahlen pro Kopf:

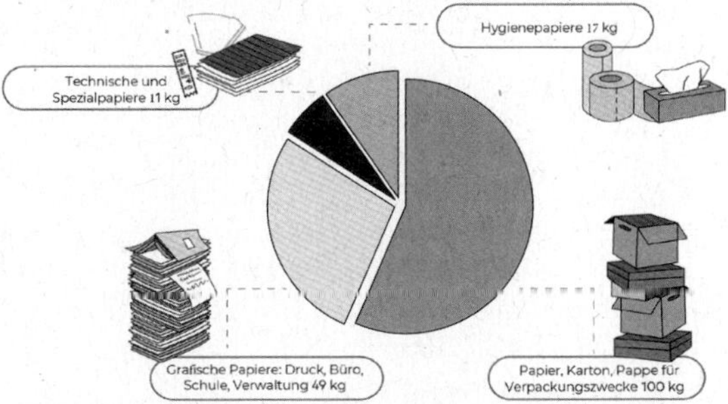

177 Kilogramm durchschnittlicher Pro Kopf Verbrauch in Deutschland 2023. Gesamt 15 Millionen Tonnen.

Quelle: DIE PAPIERINDUSTRIE - Leistungsbericht PAPIER 2024 S. 30

© Unterrichtsmaterialien Papier - von Natur bis Kultur

Zeit und Schwerpunktsetzung lassen sich dabei unterschiedliche Aktionselemente wie in einem Baukastensystem miteinander kombinieren. Bei jedem Baustein gibt es eine Übersicht mit Lernchancen, einen Ablaufvorschlag, Sachinformationen und Materialien.

Herausgeber der kostenfreien Materialien sind die Arbeitsgemeinschaft Natur- und Umweltbildung ANU NRW e. V. und der Verein Papier & Ökologie e. V.

Gutachter*innen der Verbraucherzentrale Bundesverband haben die „Unterrichtsmaterialien Papier „mit „sehr gut“ bewertet: https://www.verbraucherbildung.de/materialkompass/unterrichtsmaterial-papier-von-natur-bis-kultur

Digitale Ausstellung

Eine digitale Ausstellung „Zukunftsfähig mit Papier“ zeigt auf acht farbstarken Tafeln die Auswirkungen unseres hohen Papierkonsums auf Klima, Artenvielfalt und Menschen im globalen Süden. Die Ausstellung möchte die Verbraucher*innen hierzulande motivieren, nicht mehr Teil des Problems, sondern Teil der Lösung zu werden.

Die Ausstellung ist zu sehen unter: https://www.foep.info/-ausstellung/digitale-ausstellung.html

Neben Veröffentlichung auf Internetseiten vieler NGOs für Umwelt, Entwicklungspolitik und Verbraucherschutz sollen über Stories und Feed in den sozialen Medien breite Zielgruppen erreicht werden.

Senden Sie gerne Ihre Ideen, wo die Ausstellung gezeigt werden sollte, an magazin@robinwood.de.

Angelika Krumm, Papierexpertin, papier@robinwood.de

#verpackungvernichtet
NIMM' DEN JUTEN BEUTEL!
Damit Pappbecher, Verpackungen und Büropapier nicht zu einem unlösbaren Problem für Umwelt & Zivilisation werden, benutzt du sie am besten gar nicht erst. Alternativen kennt jeder: Porzellantassen, Pizza nicht im Karton anliefern lassen und zu Papier mit dem Blauen Engel greifen. So einfach ist das.
ROBIN WOOD
Unterstützen Sie ROBIN WOOD www.robinwood.de/spenden
oder rufen Sie uns an 040 380892-0
föp
Gefördert von ENGAGEMENT GLOBAL im Auftrag des
Gedruckt auf Recyclingpapier mit dem Blauen Engel

Lesen für die Umwelt

Das ROBIN WOOD-Magazin informiert Sie viermal im Jahr fundiert, konkret und anschaulich über alle wichtigen Themen im Bereich Umwelt- und Naturschutz. Sie erfahren wie die Aktiven von ROBIN WOOD gegen eine verfehlte Politik protestieren, wenn Umweltbelange wieder mal wirtschaftlichen Interessen untergeordnet werden, oder Konzernen aufs Dach gestiegen wird, die ihre Profite durch die Ausbeutung und Zerstörung der Natur erzielen. Mit ihrem Engagement hat ROBIN WOOD bereits viele Unternehmen zum Einlenken bewegt – David gegen Goliath.

Spektakuläre Aktionen und kreatives Umweltengagement sind die Stärken von ROBIN WOOD. Wir decken Umweltsünden auf, denn ROBIN WOOD ist finanziell unabhängig. Unsere Fachleute in den Bereichen Energie, Mobilität, Tropenwald und Wald versorgen Sie mit verlässlichen Informationen aus erster Hand, damit Sie nicht den Sonntagsreden der Politiker*innen vertrauen müssen, sondern sich selbst ein Bild machen können, wie es um unsere Natur, unser Klima und unsere Umwelt steht. Die Autor*innen des ROBIN WOOD-Magazins zeigen Wege aus der globalen Umwelt-Krise auf.

Unter der Rubrik „Forum“ kommen die Förderinnen und Förderer von ROBIN WOOD selbst zu Wort. Buchtipps und aktuelle Verbraucherhinweise runden unser Angebot ab.

Wenn Sie das Magazin online statt als Printausgabe lesen möchten, werden Sie mit einem Newsletter über das Erscheinen der Ausgabe informiert.

Gerne senden wir Ihnen ein Probeexemplar oder Sie lesen das Magazin online unter www.robinwood.de/magazin. Bitte benutzen Sie den Bestellcoupon auf Seite 246.

Spenden statt Geschenke

Ihr runder Geburtstag steht in diesem Jahr an? Ein Jubiläum? Der verdiente Eintritt in die Rentenzeit? Wir hoffen, auch in diesem Jahr gibt es gute Gründe zum Feiern!

Wer in nächster Zeit einen besonderen Tag vor sich hat, kann sich ab sofort eine Spende für die wilden Wälder wünschen. Starten Sie ihre Spendenaktion und setzen Sie ein Zeichen für Klimagerechtigkeit und den weltweiten Erhalt der Wälder. Damit inspirieren Sie nicht nur Ihre Gäste, Sie machen es ihren Lieben auch leicht, ihnen eine Freude zu bereiten.

Es ist sehr unkompliziert an der Aktion „Spenden statt Geschenke" teilzunehmen. Lassen Sie sich gerne kurz telefonisch von Andrea Zander (040-380892-13) beraten und weisen Sie Ihre Gäste schon in der Einladung auf Ihre Aktion hin.

Unter einem vereinbarten Stichwort können Ihre Lieben auf unser Spendenkonto einen Betrag überweisen. Alternativ stellen wir ihnen eine Spendenbox zur Verfügung und Sie können nach der Feier den Gesamtbetrag auf unser Konto überweisen.

Nach ungefähr drei Wochen erhalten Ihre Gäste auf Wunsch hin eine Spendenbescheinigung und ein Dankschreiben, sofern uns Name und Adresse der spendenden Person bekannt sind.

Wir helfen Ihnen gerne bei der Umsetzung. Wenden Sie sich bitte an unsere Fundraiserin Andrea Zander oder bestellen Sie unseren Infoflyer unter Tel.: 040 380892-13 oder andrea.zander@robinwood.de

Foto: Moritz Heck/ROBIN WOOD

ROBIN WOOD-Bundesgeschäftsstelle,
Bremer Str. 3, 21073 Hamburg
Tel.: 040 380892-0, Fax 040 380892-14
📧 info@robinwood.de
💻 www.robinwood.de

Berlin
Neue Republik Reger:
Bouchéstraße 79 A, 12435 Berlin
Zweimal im Monat. Termine erfragen
☎ 030 12085616
📧 berlin@robinwood.de

Bremen
☎ 04283 6082278
📧 bremen@robinwood.de

Freiburg
📧 freiburg@robinwood.de

Hamburg
Jeden letzten Dienstag im Monat um 19.00 Uhr
Hamburg, Bundesgeschäftsstelle,
Bremer Str. 3, 21073 Hamburg
Weitere Treffen in Hamburg oder Lüneburg
📧 hamburg@robinwood.de

Köln
Termin und Treffpunkt bitte erfragen
📧 koeln@robinwood.de

Leipzig
📧 leipzig@robinwood.de

Lüneburg
Jeden letzten Dienstag im Monat um 19.00 Uhr
Hamburg, Bundesgeschäftsstelle,
Bremer Str. 3, 21073 Hamburg
Weitere Treffen in Hamburg oder Lüneburg
📧 lueneburg@robinwood.de

München
☎ 089 3566709
📧 muenchen@robinwood.de

Rhein-Main
Termine und Treffpunkt bitte erfragen:
📧 rhein-main@robinwood.de

Schwedt
📧 papier@robinwood.de

Stuttgart
Termin und Treffpunkt bitte erfragen
📧 stuttgart@robinwood.de und
💻 https://www.robinwood.de/stuttgart

Die Kontaktdaten und weitere Informationen der Gruppen befinden sich im Internet unter
💻 https://www.robinwood.de/wer-wir-sind bei UNSERE REGIONALGRUPPEN

Verbraucherzentralen (VZ) gibt es in allen größeren Städten. Die Landeszentralen verschicken Listen umweltfreundlicher Produkte und geben Informationen in bezug auf Schadstoff-Belastungen von Lebensmitteln.
💻 www.verbraucherzentrale.de
📧 = Email, 💻 = Internet

Verbraucherzentrale Bundesverband e. V.
Rudi-Dutschke-Str. 17 66, 10969 Berlin
☎ 030 25800-0, Fax 030-25800-518
📧 info@vzbv.de
💻 www.vzbv.de

VZ Baden-Württemberg e.V.
Paulinenstr. 47, 70178 Stuttgart
☎ 0711 669110, Fax 669150
📧 info@vz-bw.de
💻 www.vz-bawue.de

VZ Bayern e.V.
Mozartstr. 9, 80336 München
☎ 089 552794-0, Fax 552794451
📧 info@vzbayern.de
💻 www.verbraucherzentrale-bayern.de

VZ Berlin e.V.
Ordensmeisterstr. 15-16, 12099 Berlin
☎ 030 21485-0, Fax 2117201
📧 mail@verbraucherzentrale-berlin.de
💻 www.verbraucherzentrale-berlin.de

VZ Brandenburg e.V.
Babelsberger Str. 12, 14473 Potsdam
☎ 0331 29871-0, Fax - 77
info@vzb.de
www.vzb.de

VZ Bremen e.V.
Altenweg 4, 28195 Bremen
☎ 0421 16077-7, Fax 1607780
info@verbraucherzentrale-bremen.de
www.verbraucherzentrale-bremen.de

VZ Hamburg e.V.
Kirchenallee 22, 20099 Hamburg
☎ 040 24832-0, Fax 24832290
info@vzhh.de
www.vzhh.de

VZ Hessen e.V.
Große Friedberger Str. 13-17, 60313 Frankfurt
☎ 069 972010-900, Fax 069 972010-50
vzh@verbraucher.de
www.verbraucher-zentrale-hessen.de

VZ Meckl.-Vorpommern e.V.
Erich-Schlesinger-Str. 35, 18059 Rostock
☎ 0381 208700, Fax -2087030
info@verbraucherzentrale-mv.eu
www.verbraucherzentrale-mv.eu

VZ Niedersachsen e.V.
Herrenstraße 14, 30159 Hannover
☎ 0511 91196-0, Fax 91196-10
info@vzniedersachsen.de
www.verbraucherzentrale-niedersachsen.de

VZ Nordrhein-Westfalen e.V.
Mintropstraße 27, 40215 Düsseldorf
☎ 0211 3809-0, Fax -216
kontakt@verbrauerzentrale.nrw
www.vz-nrw.de

VZ Rheinland-Pfalz e.V.
Seppel-Glückert-Passage 10, 55116 Mainz
☎ 06131 2848-0, Fax 2848-66
info@vz-rlp.de
www.verbraucherzentrale-rlp.de

VZ Saarland e.V.
Trierer Straße 22, 66111 Saarbrücken
☎ 0681 50089-0, Fax 50089-22
vz-saar@vz-saar.de
www.vz-saar.de

VZ Sachsen e.V.
Katharinenstr. 17, 04109 Leipzig
☎ 0341 696290, Fax 6892826
vzs@vzs.de
www.vzs.de

VZ Sachsen-Anhalt e.V.
Steinbockgasse 1, 06108 Halle
☎ 0345 2980329, Fax 2980326
vzsa@vzsa.de
www.vzsa.de

VZ Schleswig-Holstein e.V.
Hopfenstr. 29, 24103 Kiel
☎ 0431 59099-0, Fax -77
info@vzsh.de
www.verbraucherzentrale-sh.de

VZ Thüringen e.V.
Eugen-Richter-Straße 45, 99085 Erfurt
☎ 0361 555140, Fax 5551440
info@vzth.de
www.vzth.de

Die Verbraucher-Initiative e.V.
Bundesverband
Wollankstr. 134, 13088 Berlin
☎ 030 5360733, Fax 53607345
mail@verbraucher.org
www.verbraucher.org

Zentrum für Europäischen Verbraucherschutz e.V.
Bahnhofsplatz 3, 77694 Kehl
☎ 07851 99148-0, Fax -11
info@cec-zev.eu
www.cec-zev.eu

Stiftung Warentest
Lützowplatz 11-13, 10785 Berlin
☎ 030 26310, Fax 26312727
email@stiftung-warentest.de
www.stiftung-warentest.de

Zentrale zur Bekämpfung des unlauteren Wettbewerbs e.V.
Tannenwaldallee 6
61348 Bad Homburg vor der Höhe
☎ 06172 12150, Fax 1215-10
mail@wettbewerbszentrale.de
www.wettbewerbszentrale.de

Öko-Test
Kasseler Str. 1a
60486 Frankfurt
☎ 069 97777-0, Fax -139
verlag@oekotest.de
www.oekotest.de

Biokreis e.V.
Stelzhof 1
94034 Passau
☎ 0851 75650-0, Fax -25
info@biokreis.de
www.biokreis.de

Bundesanstalt für Ernährung (BZfE) bei der Bundesanstalt für Landwirtschaft und Ernährung BLE
Deichmanns Aue 29
53179 Bonn
☎ 0228 6845-0, Fax -3444
info@ble.de
www.ble.de

Bioland – Verband für organisch-biologischen Landbau e.V.
Kaiserstr. 18, 55116 Mainz
☎ 06131 23979-0, Fax -27
info@bioland.de
www.bioland.de

Bio-Verlag GmbH
Magnolienweg 23, 63741 Aschaffenburg
☎ 06021 4489-0, Fax: -499
info@bioverlag.de
www.bioverlag.de

Biopark e.V.
Rövertannen 13, 18273 Güstrow
☎ 03843 2450-30, Fax -32
info@biopark.de
www.biopark.de

Bundesverband Naturkost/Naturwaren (BNN) e.V.
Michaelkirchstr. 17-18, 10179 Berlin
☎ 030 8471224-44, Fax -40
info@n-bnn.de
www.n-bnn.de

Demeter-Bund e.V.
Brandschneise 1, 64295 Darmstadt
☎ 06155 8469-0, Fax -11
info@demeter.de
www.demeter.de

Naturland e.V.
Kleinmachnower Weg 1, 82166 Gräfelfing
☎ 089 898082-0, Fax -90
naturland@naturland.de
www.naturland.de

Stiftung Ökologie u. Landbau
Weinstr. Süd 51, 67098 Bad Dürkheim
☎ 06322 989700, Fax 989701
info@soel.de
www.soel.de

Naturgarten e.V.
Hinter Hoben 149, 53129 Bonn
☎ 0228 299713000, Fax 07131 6499997
geschaeftsstelle@naturgarten.org
www.naturgarten.org

ANTI-AKW-ADRESSEN:

Arbeitskr. Umwelt (AKU) Gronau
Siedlerweg 7, 48599 Gronau
☎ 02562 23125, Fax 02565 97782
mail@aku-gronau.de
www.aku-gronau.de

Castor-Nix-Da
Marleben 20/30, 29494 Trebel
☎ 05848 981020, Fax 0321 21217360
Redaktion@castor.de

Arbeitsgem. Schacht Konrad e.V.
Konrad-Haus
Bleckenstedter Straße 14a
38239 Salzgitter
☎ 05341 9001-94, Fax -95
info@ag-schacht-konrad.de
www.ag-schacht-konrad.de

Bürgerinitiative – Umweltschutz Lüchow-Dannenberg e.V.
Rosenstraße 20, 29439 Lüchow
☎ 05841 4684, Fax 3197
Buero@bi-luechow-dannenberg.de
www.bi-luechow-dannenberg.de

Bürgerinitiative
„Kein Atommüll in Ahaus“ e.V.
Bahnhofstraße 27, 48683 Ahaus
☎ 02561 9617-91
mail@bi-ahaus.de
www.bi-ahaus.de

IPPNW
Internationale Ärzte für die Verhütung des Atomkrieges
Frankfurter Allee 3, 10247 Berlin
☎ 030 6980740, Fax 6938166
kontakt@ippnw.de
www.ippnw.de

Aktionsbündnis Castor-Widerstand Neckarwestheim
Wilhelmstraße 45/1
71638 Ludwigsburg
☎ 07141 903363
neckarwestheim@antiatom.net
www.neckarwestheim.anti-atom.net

Allgemeiner Deutscher Fahrradclub (ADFC) e.V.
Mohrenstr. 69, 10117 Berlin
☎ 030 2091498-0, Fax -55
kontakt@adfc.de, : www.adfc.de

ARA (Arbeitsgemeinschaft Regenwald und Artenschutz e.V.)
August-Bebel-Str. 16, 33602 Bielefeld
☎ 0521 65943, Fax 64975
ara@araonline.de
www.araonline.de

ausgestrahlt e. V.
Große Bergstr. 189
22767 Hamburg
☎ 040 25318940
info@ausgestrahlt.de

Informations- und Beratungsbüro für Verkehr und Umwelt
Umkehr e.V./Fuss e.V.
Exerzierstr. 20, 13357 Berlin
☎ 030 4927473, Fax 4927972
info@umkehr.de, info@fuss-ev.de
www.umkehr.de, www.fuss-ev.de

Attac Deutschland
Münchener Str. 48, 60329 Frankfurt
☎ 069 900281-10, Fax -99
info@attac.de
www.attac.de

Bund für Umwelt und Naturschutz Deutschland (BUND)
Kaiserin-Augusta-Allee 5, 10553 Berlin
☎ 030 275864-0, Fax 27586-440
bund@bund.net
www.bund.net

Bundesverband Bürgerinitiativen Umweltschutz (BBU)
Prinz-Albert-Str. 55, 53113 Bonn
☎ 0228 214032, Fax 214033
bbu-bonn@t-online.de
www.bbu-online.de

Bundesvereinigung gegen Fluglärm e. V. (BVF)
Hinterfeld 440, 41564 Kaarst
☎ 03378 5239814, Fax -13
geschaeftsstelle@fluglaerm.de
www.fluglaerm.de

Deutscher Naturschutzring (DNR)
Marienstr. 19, 10117 Berlin
☎ 030 6781775-70, Fax -80
info@dnr.de
www.dnr.de

Deutscher Tierschutzbund e.V.
In der Raste 10, 53129 Bonn
☎ 0228 60496-0, Fax -40
bg.@tierschutzbund.de
www.tierschutzbund.de

Das Umweltzentrum e. V.
Neckarplatz 4a, 84036 Landshut
☎ 0871 51739
info@ihgev.de

EUROSOLAR e.V.
Kaiser-Friedrich-Str. 11, 53113 Bonn
☎ 0228 362373, Fax 361279
info@eurosolar.org
www.eurosolar.org

FIAN-Deutschland e.V.
Gottesweg 104, 50939 Köln
☎ 0221 47449110, Fax -111
fian@fian.de
www.fian.de

Forum Ökologie & Papier FÖP
Evelyn Schönheit & Jupp Trauth
Brahmsallee 127, 20144 Hamburg
☎ 040 4201246
📧 info@evelyn-schoenheit.de
💻 www.foep.info

FSC Arbeitsgr. Deutschland e.V.
Postfach 5810, 79026 Freiburg
☎ 0761 38653-50, Fax -79
📧 info@fsc-deutschland.de
💻 www.fsc-deutschland.de

Gen-ethisches Netzwerk e.V.
Lausitzer Str. 10, 10999 Berlin
☎ 030 6841183, Fax 030 6857073
📧 gen@gen-ethisches-netzwerk.de
💻 www.gen-ethisches-netzwerk.de

Greenpeace e.V.
Honkongstr. 10, 20457 Hamburg
☎ 040 306180, Fax 30618100
📧 mail@greenpeace.de
💻 www.greenpeace.de

Grüne Liga e.V.
Haus der Demokratie
Greifswalder Str. 4, 10405 Berlin
☎ 030 2044745, Fax 2044468
📧 bundesverband@grueneliga.de
💻 www.grueneliga.de

Klima-Bündnis
Galvanistraße 28, 60486 Frankfurt
☎ 069 7171390, Fax 71713993
📧 europe@klimabuendnis.org
💻 www.klimabuendnis.org

Naturschutzbund Deutschland
Charitéstraße 3, 10117 Berlin
☎ 030 284984-0, Fax -2000
📧 NABU@NABU.de
💻 www.nabu.de

PAN, Pestizid Aktions-Netzwerk e.V.
Nernstweg 32, 22765 Hamburg
☎ 040 3991910-0, Fax: -30
📧 info@pan-germany.org
💻 www.pan-germany.org

Pro Bahn (Fahrgastverband) e.V.
Agnes-Bernauer-Platz 8, 80687 München
☎ 089 530031
📧 info@pro-bahn.de
💻 www.probahn.de

Pro Regenwald e.V.
Frohschammerstr. 14, 80807 München
☎ 089 3598650
📧 info@pro-regenwald.de
💻 www.pro-regenwald.de

Rettet den Regenwald e.V.
Jupiterweg 15, 22391 Hamburg
☎ 040 22851080
📧 kontakt@regenwald.org
💻 www.regenwald.org

Urgewald
Von-Galen-Straße 4, 48336 Sassenberg
☎ 02583 30492-0, Fax -18
📧 info@urgewald.org
💻 www.urgewald.de

Verkehrsclub Deutschland (VCD) e.V.
Wallstr. 58, 10179 Berlin
☎ 030 280351-0, Fax -10
📧 mail@vcd.org
💻 www.vcd.org

Deutsche Umwelthilfe e.V.
Fritz-Reichle-Ring 4, 78315 Radolfzell
☎ 07732 9995-0, Fax -77
📧 info@duh.de
💻 www.duh.de

Umweltstiftung World Wildlife Fund (WWF) Deutschland
Reinhardtstr. 18, 10117 Berlin
☎ 030 311777-0, Fax -199
📧 info@wwf.de
💻 www.wwf.de

Bund der Pfadfinderinnen und Pfadfinder e.V. (BdP)
Kesselhaken 23
34376 Immenhausen
☎ 05673 99584-0, Fax -44
📧 info@pfadfinden.de
💻 www.pfadfinden.de

BUNDjugend
Kaiserin-Augusta-Allee 5, 10553 Berlin
☎ 030 275865-0, Fax -55
📧 info@bundjugend.de
💻 www.bundjugend.de

Deutscher Tierschutzbund e.V.
In der Raste 10
53129 Bonn
☎ 0228 604960, Fax 640
bg@tierschutzbund.de
www.tierschutzbund.de

Naturfreundejugend Deutschlands e.V.
Warschauer Str. 59a, 10243 Berlin
☎ 030 297732-70, Fax -80
info@naturfreundejugend.de
www.naturfreundejugend.de

Naturschutzjugend NAJU
Karlplatz 7, 10117 Berlin
☎ 030 65213752-0, Fax -99
NAJU@NAJU.de
www.NAJU.de

ScoutNet e.V.
Richterstr. 22, 91052 Erlangen
☎ 0212 62919
info@scoutnet.de
www.scoutnet.de

Weitere Gruppen und Infos für Jugendliche zu den Themen Umwelt und alternative Projekte online findet ihr unter:
www.projektwerkstatt.de, www.umweltkids.de

Katalyse e.V.
Institut für angewandte Umweltforschung
Beethovenstraße 6, 50674 Köln
☎ 0221 944048-0, Fax -9
info@katalyse.de
www.katalyse.de

Öko-Institut e.V.
Institut für angewandte Ökologie
Postfach 1771, 79017 Freiburg
☎ 0761 45295-0, Fax -288
info@oeko.de
www.oeko.de
Öko-Institut, Büro Berlin:
Borkumstr. 2, 13189 Berlin
☎ 030 405085-0, Fax 388

Öko-Institut, Büro Darmstadt:
Rheinstraße 95, 64295 Darmstadt
☎ 06151 81910-0, Fax 819133
www.oeko.de

Die folgenden Institute sind nach Postleitzahlen sortierte Mitglieder in der

AGÖF, Arbeitsgemeinschaft Ökologischer Forschungsinstitute e.V.
Mathildenstr. 48
90762 Fürth
info@agoef.de
www.agoef.de

Baubiologie u. Umweltanalytik MB Berlin und Potsdam
Str. 44 18A, 13125 Berlin
☎ 030 94632963, Fax 94518786
m.bauske@baubiologie-umwelt-analytik.berlin
www.baubiologie-umweltanalytik.berlin

ALAB GmbH
Analyselabor in Berlin
Wilsnacker Str. 15, 10559 Berlin
☎ 030 3949983, Fax 3947379
info@alab-berlin.de
www.alab-berlin.de

Ökohaus
Lohbrügger Landstr. 29, 21031 Hamburg
☎ 040 7211251
info@oekohaus-hamburg.de
www.oekohaus-hamburg.de

PLANET, Planungsgruppe Technik, Energie und Umwelt
Donnerschweer Straße 89/91
26123 Oldenburg
☎ 0441 85051, Fax 88057
info@planet-energie.de
www.planet-energie.de

Lafu GmbH – Labor für chemische und mikrobiologische Analytik
Am Wollelager 8, 27749 Delmenhorst
☎ 04221 14452, Fax 14945
info@lafu-gmbh.com
www.lafu-gmbh.com

Bremer Umweltinstitut GmbH
Fahrenheitstr. 1, 28359 Bremen
☎ 0421 76665, Fax 71404
mail@bremer-umweltinstitut.de
www.bremer-umweltinstitut.de

Umweltzentrum Hannover e.V.
Hausmannstr. 9-10, 30159 Hannover
☎ 0511 16403-0, Fax -91
info@umweltzentrum-hannover.de
www.umweltzentrum-hannover.de

Energie- und Umweltzentrum am Deister e.V.
31832 Springe-Eldagsen
☎ 05044 9750, Fax 97566
📠 imfo@e-u-z.de
💻 www.e-u-z.de

WARTIG
Chemieberatung GmbH
Rudolf-Breitscheid-Str. 24
35037 Marburg
☎ 06421 30908-50, Fax -55
📠 marburg@wartig.de
💻 www.wartig.org

WARTIG Nord
Beraten, Planen, Begutachten
Friesenweg 5H
22763 Hamburg
☎ 040 881803-0, Fax -77
📠 info@wartig-nord.de
💻 www.wartig-nord.de

Bundesverband für Umweltberatung bfub e.V.
Frankfurter Str. 87
97082 Würzburg
☎ 0931 49739165
📠 service@umweltberatung-info.de
💻 www.umweltberatung-info.de

Institut für Umwelt und Gesundheit (IUG)
Am Zillbach 27
36100 Petersberg
☎ 0661 603242
📠 Umweltberatung.Fulda@t-online.de
💻 www.iug-umwelt-gesundheit.de

GUL – Göttinger Umwelt-Labor e. V.
💻 www.umweltdatenbank.de

Umweltanalytischer Dienst
Steinsstraße 89b, 41199 Mönchengladbach
☎ 02166 10434, Fax 03212 1213745
📠 meyers@umwelt-web.de
💻 www.umweltanalytischer dienst.de

Indikator GmbH
Analyselabor für Schwermetalle
Wilhelm-Muthmann-Str. 15, 42329 Wuppertal
☎ 0202 2641085, Fax 2641086
📠 info@indikator-labor.de
💻 www.indikator-labor.de

eco – Luftqualität u. Raumklima
Nattermannallee 1, Geb S19, 50829 Köln
☎ 0221 9394-0
📠 info@eco-luft.de
💻 www.eco-luft.de

Sachverständigenbüro für Baubiologie (VDB)
Martina Clemens-Ströwer
Berwicker Str. 28, 59514 Welver
☎ 02384 1222, Fax 911179
📠 info@clemens-ströwer.de
💻 www.clemens-stroewer.de

DEN Deutsches Energieberater-Netzwerk (DEN) e. V.
Geschäftsstelle Frankfurt
Berliner Str. 257, 63067 Offenbach
☎ 069-1382633-40
📠 info@Deutsches-Energieberater-netzwerk.de
💻 www.den-akademie.de

DEN GmbH
Gutzkower Landstr. 11 a
17489 Greifswalsd
☎ 03834-5530
📠 den@den-online.de
💻 www.den-online.de

ARGUK, Umweltlabor GmbH
Krebsmühle 1, 61440 Oberursel
☎ 06171 71817, Fax 71804
📠 info@arguk.de
💻 www.arguk-umweltlabor.de

Hansmartin Kirschmann
Baubiologie VDB
Aichelestraße 9, 70599 Stuttgart
☎ 0711 23607-80, Fax -82
📠 info@kirschmann.de
💻 www.kirschmann.de

PMA
Sindelfingen GmbH
Vogelhainweg 4, 71065 Sindelfingen
☎ 07031 799345, Fax 799346
📠 info@pma-sindelfingen.de
💻 www.pma-sindelfingen.de

ebök – Planung und Entwicklung Gesellschaft mbH
Postfach 1350, 72003 Tübingen
☎ 07071 9394-0
📠 mail@eboek.de
💻 www.eboek.de

GfU Gesellschaft für
Umweltchemie mbH
Konradinstr. 2, 81543 München
☎ 089 557157, Fax 51618731
✉ info@gfu-muenchen.de
💻 www.gfu-muenchen.de

Institut für Baubiologie
+ Nachhaltigkeit (IBN)
Erlenaustr. 24, 83022 Rosenheim
☎ 08031 35392-0
✉ institut@baubiologie.de
💻 www.baubiologie.de

anbus analytik GmbH
Gesellschaft für Gebäudediagnostik,
Umweltanalytik und Umwelt-
kommunikation
Mathildenstr. 48, 90762 Fürth
☎ 0911 816166-0, Fax -24
✉ info@anbus-analytik.de
💻 www.schadstoff.net

Baubiologie Blank
Innenraumanalytik u. Gebäude-
diagnostik
Olof-Palme-Str. 7
65197 Wiesbaden
☎ 061198859011
✉ info@baubiologie-blank.de
💻 www.baubiologie-blank.de

institutionen

GFA
Gesellschaft zur Förderung der Ab-
wassertechnik e.V.
Theodor-Heuss-Allee 17, 53773
Hennef
☎ 02242 872333, Fax 872151
✉ info@gfa-news.de
💻 www.gfa-news.de

Bundesamt für Naturschutz (BfN)
Konstantinstr. 110, 53179 Bonn
☎ 0228 8491-0, Fax: 8491-9999
✉ info@bfn.de
💻 www.bfn.de

Bundesanstalt f. Gewässerkunde
Am Mainzer Tor 1, 56068 Koblenz
☎ 0261 13060, Fax 1306-5302
✉ posteingang@bafg.de
💻 www.bafg.de

Bundesforschungsanstalt für
Ernährung und Lebensmittel
Max-Rubner-Institut,
Haid-und-Neu-Straße 9, 76131 Karls-
ruhe
☎ 0721 662520, Fax 6625111
✉ kontakt@mri.bund.de
💻 www.mri.bund.de

Bundesanstalt für Landwirtschaft
und Ernährung (BLE)
Deichmanns Aue 29
53179 Bonn
☎ 0228 6845-0
✉ info@ble.de
💻 www.bzfe.de

Bundesinstitut für
Risikobewertung BFR
Max-Dohrn-Str. 8-10, 10589 Berlin
☎ 030 18412-0, Fax -99099
✉ pressestelle@bfr.bund.de
💻 www.bfr.bund.de

Bundesministerium für Umwelt,
Naturschutz u. nukleare Sicherheit u.
Verbraucherschutz (BMUV)
Stresemannstr. 128-130, 10117 Berlin
☎ 030 18305-0, Fax 0228 99305-3225
✉ service@bmu.bund.de
💻 www.bmu.de

Bundesamt für
Strahlenschutz (BfS)
Willy-Brandt-Str. 5, 38226 Salzgitter
☎ 030 18333-0, Fax -1885
✉ Post@bfs.de
💻 www.bfs.de

Gesellschaft für Anlagen- und
Reaktorsicherheit (GRS) gGmbH
Schwertnergasse 1, 50667 Köln
☎ 0221 2068-0, Fax -9946
✉ info@grs.de
💻 www.grs.de

Sachverständigenrat für
Umweltfragen
Luisenstr. 46, 10117 Berlin
☎ 030 263696-0, Fax -109
✉ info@umweltrat.de
💻 www.umweltrat.de

Umweltbundesamt (UBA)
Wörlitzer Platz 1, 06844 Dessau
☎ 0340 2103-2416
✉ buergerservice@uba.de
💻 www.umweltbundesamt.de

Verband Baubiologie e.V.
Margarethenweg. 7,
53474 Bad Neuenahr
☎ 02641 9119394, Fax -95
info@verband-baubiologie.de
www.verband-baubiologie.de

verkehrsclub deutschland

Bundesgeschäftsstelle:
Wallstr. 58, 10179 Berlin
☎ 030 280351-0, Fax -10
mail@vcd.org
www.vcd.org

LANDESVERBÄNDE:

Baden-Württemberg
Tübinger Str. 15, 70178 Stuttgart
☎ 0711 60702-17, Fax -18
info@vcd-bw.de
www.vcd-bw.de

Bayern
Hessestr. 4, 90443 Nürnberg
☎ 0911 471743, Fax 476473
landesbuero@vcd-bayern.de
www.vcd-bayern.de

Landesverband Nord-Ost
Berlin – Meckl. Vorpommern
Yorkstr. 48, 10965 Berlin
☎ 030 4463664, Fax 4463703
info@vcd-nordost.de
www.vcd-nordost.de

Brandenburg
Haus der Natur
Lindenstraße 34, 14467 Potsdam
☎ 0331 20155-60, Fax -66
info@vcd-brandenburg.de
www.vcd-brandenburg.de

Bremen
Am Dobben 44, 28203 Bremen
☎ 0421 702191, Fax 7900290
bremen@vcd.org
www.vcd.org/bremen/

Elbe-Saale (Sachsen, Sachsen-Anhalt, Thüringen)
Ranstädter Steinweg 1, 04109 Leipzig
☎ 0341 22363558
elbe-saale@vcd.org
www.vcd.org/elbe-saale/

Nord Hamburg und
Schleswig-Holstein
Nernstweg 32-34, 22765 Hamburg
☎ 040 28055-120, Fax
03212(8231066
geschäftsstelle@vcd-nord.de
www.vcd.org/nord/

Hessen
Wilhelmstraße 2, 34117 Kassel
☎ 0561 1083-10, Fax -11
geschäftsstelle@vcd-hessen.de
www.vcd.org/hessen

Niedersachsen
Hausmannstr. 9-10, 30159 Hannover
☎ 0511 70005-22, Fax -20
nds@vcd.org
www.vcd.org/nds

Nordrhein-Westfalen
Schützenstr. 45, 40211 Düsseldorf
☎ 0211 1649497, Fax 1649498
info@vcd-nrw.de
www.vcd-nrw.de

Rheinland-Pfalz
Walpodenstr. 10
55116 Mainz
☎ 0631 9501545
Fax 0261 9144459
rlp@vcd.org
www.vcd.org/rlp

Saarland
Evangelische-Kirch-Straße 8
66111 Saarbrücken
☎ 06893 8388756
info@vcd-saar.org
www.vcd.org/saarland

Internationale Telefonvorwahlnummern

Afghanistan 00 93
Ägypten 00 20
Albanien 0 03 55
Algerien 0 02 13
Amerikanisch-Samoa 0 06 84
Amerikanische Jungferninseln 00 13 40
Andorra 0 03 76
Angola 0 02 44
Anguilla 00 12 64
Antigua und Barbuda 00 12 68
Äquatorialguinea 0 02 40
Argentinien 00 54
Armenien 0 03 74
Aruba 0 02 97
Ascension 0 02 47
Aserbaidschan 0 09 94
Äthiopien 0 02 51
Atlant. Ozean (Ost) 0 08 71
Atlant. Ozean (West) 0 08 74
Australien 00 61

Bahamas 00 12 42
Bahrain 0 09 73
Bangladesch 0 08 80
Barbados 00 12 46
Belgien 00 32
Belize 0 05 01
Benin 0 02 29
Bermuda 00 14 41
Bhutan 0 09 75
Bolivien 0 05 91
Bosnien-Hzgw. 0 03 87
Botsuana 0 02 67
Brasilien 00 55
Britische Jungferninseln 00 12 84
Brunei Darus. 0 06 73
Bulgarien 0 03 59
Burkina Faso 0 02 26
Burundi 0 02 57

Casey (Antark.) 0 06 72 12
Chile 00 56
China (Taiwan) 0 08 86
China (Volksrep.) 00 86
Cook-Inseln 0 06 82
Costa Rica 0 05 06

Dänemark 00 45
Davis (Antark.) 0 06 72 10
Deutschland 00 49
Dominica 00 17 67
Dominikanische Republik 00 18 09
Dschibuti 0 02 53

Ecuador 0 05 93
El Salvador 0 05 03
Elfenbeinküste 0 02 25
Eritrea 0 02 91
Estland 0 03 72

Falklandinseln 0 05 00
Faröer 0 02 98
Fidschi 0 06 79
Finnland 0 03 58
Frankreich 00 33
Franz.-Guayana 0 05 94
Franz.-Polynesien 0 06 89

Gabun 0 02 41
Gambia 0 02 20
Georgien 0 09 95
Ghana 0 02 33
Gibraltar 0 03 50
Grenada 00 14 73
Griechenland 00 30
Grönland 0 02 99
Großbritannien 00 44
Guadeloupe 0 05 90
Guam 0 06 71
Guatemala 0 05 02
Guinea 0 02 24
Guinea-Bissau 0 02 45
Guyana 0 05 92

Haiti 0 05 09
Honduras 0 05 04
Hongkong 0 08 52

Indien 00 91
Indischer Ozean 0 08 73
Indonesien 00 62
Irak 0 09 64
Iran 00 98
Irland 0 03 53
Island 0 03 54
Israel 0 09 72
Italien 00 39

Jamaika 00 18 76
Japan 00 81
Jemen (Arab. Rp.) 0 09 67
Jordanien 0 09 62

Kaimaninseln 00 13 45
Kambodscha 0 08 55
Kamerun 0 02 37
Kanada 0 01
Kap Verde 0 02 38
Kasachstan 0 07
Katar 0 09 74
Kenia 0 02 54
Kirgisistan 0 09 96
Kiribati 0 06 86
Kokosinseln 00 67 22
Kolumbien 00 57
Komoren 0 02 69
Kongo (Rep.) 0 02 42
Kongo (dem. Rep.) 0 02 43
Korea (Nord) 0 08 50
Korea (Süd) 00 82
Kroatien 0 03 85
Kuba 00 53
Kuwait 0 09 65

Laos 0 08 56
Lesotho 0 02 66
Lettland 0 03 71
Libanon 0 09 61
Liberia 0 02 31
Libyen 0 02 18
Liechtenstein 0 04 23
Litauen 0 03 70
Luxemburg 0 03 52

Macau 0 08 53
Madagaskar 0 02 61
Makedonien 0 03 89
Malawi 0 02 65
Malaysia 00 60
Malediven 0 09 60
Mali 0 02 23
Malta 0 03 56
Man (GB) 00 44
Marianen 0 06 70
Marokko 0 02 12
Marshallinseln 0 06 92
Martinique 0 05 96
Mauretanien 0 02 22
Mauritius 0 02 30
Mawson 0 06 72 11
Mayotte 0 02 69
Mazedonien 0 03 81
Mexiko 00 52
Mikronesien 0 06 91
Moldawien 0 03 73
Monaco 0 03 77
Mongolei 0 09 76
Montenegro 0 03 82
Montserrat 00 16 64
Mosambik 0 02 58
Myanmar (Birma) 00 95

Namibia 0 02 64
Nauru 0 06 74
Nepal 0 09 77
Neukaledonien 0 06 87
Neuseeland 00 64
Nicaragua 0 05 05
Niederlande 00 31
Niederl. Antillen 0 05 99
Niger 0 02 27
Nigeria 0 02 34
Nordirland 00 44
Norfolkinseln 00 67 23
Norwegen 00 47

Oman 0 09 68
Österreich 00 43

Pakistan 00 92
Palau 0 06 80
Panama 0 05 07
Papua-Neuguinea 0 06 75
Paraguay 0 05 95
Pazifischer Ozean 0 08 72
Peru 00 51
Philippinen 00 63
Polen 00 48
Portugal 0 03 51
Puerto Rico 00 17 87

Réunion 0 02 62
Ruanda 0 02 50
Rumänien 00 40
Russland 0 07

Saint Helena 0 02 90
St. Kitts u. Nevis 00 18 69
St. Lucia 00 17 58
St. Pierre, Miquelon 0 05 08
St. Vincent und die Grenadinen 00 17 84
Salomonen 0 06 77
Sambia 0 02 60
Samoa 0 06 85
San Marino 0 03 78
S. Tomé u. Príncipe 0 02 39
Saudi-Arabien 0 09 66
Schweden 00 46
Schweiz 00 41
Senegal 0 02 21
Serbien 0 03 81
Seyschellen 0 02 48
Sierra Leone 0 02 32
Simbabwe 0 02 63
Singapur 00 65
Slowakei 0 04 21
Slowenien 0 03 86
Somalia 0 02 52
Spanien 00 34
Sri Lanka 00 94
Südafrika 00 27
Sudan 0 02 49
Suriname 0 05 97
Swasiland 0 02 68
Syrien 0 09 63

Tadschikistan 0 07
Tansania 0 02 55
Thailand 00 66
Togo 0 02 28
Tonga 0 06 76
Trinidad 00 18 68
Tschad 0 02 35
Tschechien 0 04 20
Tunesien 0 02 16
Türkei 00 90
Turkmenistan 0 09 93
Turks- und Caicos-Inseln 00 16 49
Tuvalu 0 06 88

Uganda 0 02 56
Ukraine 0 03 80
Ungarn 00 36
Uruguay 0 05 98
USA 0 01
Usbekistan 0 09 98

Vanuatu 0 06 78
Vatikanstadt 0 03 96
Venezuela 00 58
Vereinigte Arabische Emirate 0 09 71
Vietnam 00 84

Weihnachtsinsel 00 67 24
Weißrussland 0 03 75

Zentralafrikanische Republik 0 02 36
Zimbabwe 0 02 63
Zypern 0 03 57
Zypern (Nordzypern) 00 90

Sendungsart			Inland A-Post	Inland B-Post
Brief (bis B5 x **20 mm**)	bis	100 g	1,20	1,00
(bis B5 x **50 mm**)	bis	100 g	3,20	3,00
Midibrief (bis B5 x **20 mm**)	bis	500 g	1,70	1,40
(bis B5 x **50 mm**)	bis	500 g	3,70	3,40
Großbrief (bis B4 x 20 mm)	bis	1000 g	2,50	2,00

Sendungsart			Europa	Übrige Länder
Brief				
maximal	bis	20 g	1,90	2,50
25 x 17,6	bis	50 g	3,10	4,20
	bis	100 g	4,30	6,00
Großbrief				
	bis	250 g	7,50	9,50
maximal	bis	500 g	12,00	16,00

Größe und Gewicht	Brief Inland	Brief Ausland	Büchersendung	Warensendung
Standardbrief bis 20 g minimal 140 x 90 mm maximal 235 x 125 x 5 mm Länge mind. 1,41 x Breite	0,85	1,10	-	-
Kompaktbrief bis 50 g minimal 100 x 70 mm maximal 235 x 125 x 10 mm Länge mind. 1,41 x Breite	1,00	1,70	-	-
Großbrief bis 500 g minimal 100 x 70 mm maximal 353 x 250 x 20 mm	1,60	3,70	2,25	2,25
Maxibrief bis 1000 g minimal 100 x 70 mm maximal 353 x 250 x 50 mm	2,75	7,00	2,55	2,55
Maxibrief Plus bis 2000 g Format maximal wie Päckchen	4,95	17,00	-	-
Postkarte minimal 140 x 90 mm maximal 235 x 125 mm Länge mind. 1,41 x Breite	0,70	0,95	-	-
Päckchen S bis 1000 g bis 350 x 250 x 100 mm	3,99	EU: 11,99 weltweit 19,99	-	-
Päckchen M bis 2000 g Länge + Breite + Höhe ≤ 900 mm keine Seite länger als 600 mm	4,79			
Zuschläge			Alle Angaben ohne Gewähr Weitere Informationen am Schalter oder unter www.deutschepost.de	
Übergabe-Einschreiben	2,65	3,50		
Einwurf-Einschreiben	2,35	–		

Österreich (Gebühren in Euro, Stand Juli 2024)

Sendungsart	Inland		Europa	
	Priority	Economy	Priority	Economy
Brief S (bis 235 x 162 x 5 mm, 20 g)	1,20	0,95	1,40	-
Brief M (bis 235 x 162 x 5 mm, 75 g)	1,65	1,30	2,30	1,90
Päckchen S (bis 353 x 250 x 30 mm, 2 kg)	3,30	3,00		
Päckchen M (bis 100 x 60 x 60 cm, bis 4 kg)	4,75	4,50		
Brief L (bis 353 x 250 x 30 mm, 2 kg)			8,20	6,50
Brief XL (bis 100 x 60 x 60 cm, bis 4 kg)			12,90	9,90

	Außereuropäische Länder	
	Priority	Economy
Brief S (bis 235 x 162 x 5 mm, 20 g)	2,10	-
Brief M (bis 235 x 162 x 5 mm, 75 g)	2,90	2,70
Brief L (bis 353 x 250 x 30 mm, 2 kg)	15,00	11,00
Brief XL (L + B + H max. 90 cm, 2 kg, L max 50 cm)	24,20	21,80

Alle Angaben ohne Gewähr
Weitere Informationen
unter www.post.at.

aaaaaaaa

eeeeeeee

ffffffff

gggggggg

hhhhhhhh

mmmmmmm

nnnnnnnn

pppppppp

rrrrrrrr

VVVVVVVV

wwwwwww

xxx yyy zzz

Ja, ich möchte helfen die Umwelt zu schützen.

Bitte senden Sie mir:

O ein kostenloses Probeexemplar des ROBIN WOOD-Magazins
O den Newsletter
O ein Jahresabo für 12,- Euro inkl. Versand

O Ich erteile für das Abo ein widerrufbares Lastschriftmandat

ROBIN WOOD e. V.
IBAN: DE93 3702 0500 0008 4555 00
BIC: BFSWDE33XXX, Sozialbank Hannover

O Ich erteile eine jederzeit widerrufbare Einzugsermächtigung

Name: ....

Straße: ....

PLZ, Wohnort: ....

E-Mail: ....

Bank: .... BIC ....

IBAN ....

Datum, Unterschrift: ....

Sie können diesen Abschnitt ausschneiden und an nachstehende Adresse senden:
ROBIN WOOD e.V. Magazin
Bremer Str. 3, 21073 Hamburg
Oder Sie mailen einfach an info@robinwood.de

Wir wünschen uns, dass Sie mit dem ROBIN WOOD-Öko Kalender zufrieden sind und er Sie auch in den nächsten Jahren begleitet. Deshalb möchten wir gerne über spontane Zuschriften hinaus noch mehr Rückmeldungen, Kritik, Anregungen und Verbesserungsvorschläge.
Schicken Sie Ihre Zuschrift bitte an:

ROBIN WOOD e.V.

oder per E-Mail an: papier@robinwood.de

Geärgert habe ich mich über:

Besonders gut hat mir gefallen:

Das gehört nicht in diesen Kalender:

Das muss unbedingt in den nächsten Kalender:

Sind Sie mit der Wochenaufteilung zufrieden?

Sind Sie mit Verarbeitung, Druckfarbe, Lesezeichen, Papier etc. zufrieden?

Haben Sie den Kalender ständig dabei, oder liegt er zu Hause auf dem Schreibtisch?

Bemerkungen:

Vielen Dank für Ihre Mühe und Unterstützung und beste Wünsche für das Jahr 2025

Zeit	Montag	Dienstag	Mittwoch	Donnerstag	Freitag	Samstag	Sonntag

	Mo	Di	Mi	Do	Fr	Sa	So	Mo	Di	Mi	Do	Fr	Sa	So	Mo	Di	Mi	Do	Fr	Sa	So	Mo	Di	Mi	Do	Fr	Sa	So
			1	2	3	4	5	6	7	8	9	10	11	12	13	14	15	16	17	18	19	20	21	22	23	24	25	26
Januar	27	28	29	30	31																							
						1	2	3	4	5	6	7	8	9	10	11	12	13	14	15	16	17	18	19	20	21	22	23
Februar	24	25	26	27	28																							
						1	2	3	4	5	6	7	8	9	10	11	12	13	14	15	16	17	18	19	20	21	22	23
März	24	25	26	27	28	29	30	31																				
									1	2	3	4	5	6	7	8	9	10	11	12	13	14	15	16	17	18	19	20
April	21	22	23	24	25	26	27	28	29	30																		
											1	2	3	4	5	6	7	8	9	10	11	12	13	14	15	16	17	18
Mai	19	20	21	22	23	24	25	26	27	28	29	30	31															
														1	2	3	4	5	6	7	8	9	10	11	12	13	14	15
Juni	16	17	18	19	20	21	22	23	24	25	26	27	28	29	30													
																1	2	3	4	5	6	7	8	9	10	11	12	13
Juli	14	15	16	17	18	19	20	21	22	23	24	25	26	27	28	29	30	31										
																			1	2	3	4	5	6	7	8	9	10
August	11	12	13	14	15	16	17	18	19	20	21	22	23	24	25	26	27	28	29	30	31							
																						1	2	3	4	5	6	7
September	8	9	10	11	12	13	14	15	16	17	18	19	20	21	22	23	24	25	26	27	28	29	30					
																								1	2	3	4	5
Oktober	6	7	8	9	10	11	12	13	14	15	16	17	18	19	20	21	22	23	24	25	26	27	28	29	30	31		
																											1	2
November	3	4	5	6	7	8	9	10	11	12	13	14	15	16	17	18	19	20	21	22	23	24	25	26	27	28	29	30
	1	2	3	4	5	6	7	8	9	10	11	12	13	14	15	16	17	18	19	20	21	22	23	24	25	26	27	28
Dezember	29	30	31																									

Zeit	Montag	Dienstag	Mittwoch	Donnerstag	Freitag	Samstag	Sonntag

Lasst uns über Morgen reden ...

Das Thema „Testamente“ ist ein sensibler Bereich. Doch wer sich Gedanken um nachfolgende Generationen macht, gestaltet die Zukunft. Die Erbschaftsangelegenheiten zu regeln, hat weniger mit dem Tod sondern sehr viel mit dem Leben zu tun. Mit Ihrem Vermächtnis geben Sie weiter, was Ihnen wichtig ist.

Für die Zukunft

Seit jeher gestalten viele Menschen weit vor ihrem Tod ihr Nachleben: In Form ihres Vermächtnisses für ihre Kinder und Kindeskinder, Nachbar*innen, Freund*innen, für die Menschen in ihrer Stadt und für die Menschen, die ihre Vision der Zukunft teilen. Unsere natürlichen Lebensgrundlagen

Foto: Ute Bertrand

zu erhalten, gehört sicher dazu. Dieses wichtigste Erbe der Menschheit so intakt wie möglich an die nächsten Generationen weiterzureichen, dafür setzt sich ROBIN WOOD ein.

Darüber sprechen

Vermächtnisse und Testamentsspenden sind ein Ausdruck der Selbstbestimmung sowie ein Manifest und eine klare Antwort auf die Frage: Wofür stehe ich? Welche Spuren will ich hinterlassen? ROBIN WOOD darf Sie nicht juristisch beraten, aber wir haben viel Verständnis für Ihren Willen! Wenn es darum geht, genau die Entscheidung zu treffen, die Ihren Wünschen entspricht, wird Sie Ihr Anwalt oder ein Fachanwalt für Erbrecht gerne unterstützen. Und für alle Fragen, die unsere Arbeit zum Schutz unserer natürlichen Lebensgrundlagen betreffen, stehen wir Ihnen ganz persönlich zur Verfügung.

Sie möchten Ihre Erbschaftsangelegenheiten regeln? Benötigen Informationen zum Thema „Testamente"? Wünschen sich auch über den Tod hinaus, die Wälder und das Klima zu schützen?

Bestellen Sie unverbindlich unsere Testamentsbroschüre: ROBIN WOOD e.V., Bremer Straße 3, 21073 Hamburg, Tel.: 040 380892-0.

Wenn Sie Fragen zum Thema haben, rufen Sie uns gerne an, Andrea Zander: 040 380892-13 oder Dr. Christiane Weitzel: 040-380892-26

Mai 2024: Protest bei VW gegen das Roden von Wald für eine Porsche-Teststrecke in Italien.

Foto: ROBIN WOOD

Ja, ich möchte helfen die Umwelt zu schüt

Durch meine Spende an ROBIN WOOD wird mein Geld effektiv zur Sicherung unserer Lebensgrundlagen eingesetzt.

Ich spende:

O 5 Euro
O 10 Euro
O ……

O monatlich
O vierteljährlich
O jährlich

O Als Dankeschön möchte ich das digitale Bilderbuch "15 Jahre im dritten Jahrtausend" von ROBIN WOOD erhalten

O Ich richte einen Dauerauftrag ein:
ROBIN WOOD e.V.,
IBAN: DE93 3702 0500 0008 4555 00
BIC: BFSWDE33XXX, Sozialbank Hannover

O Ich erteile eine jederzeit widerrufbare Einzugsermächtigung:

Name ……………………………………

Straße ……………………………………

PLZ, Wohnort ……………………………

E-Mail ……………………………………

Bank ………………… BIC…………………

IBAN………………………………………

Datum Unterschrift

0
1 cm
2 cm
3 cm
4 cm
5 cm
6 cm
7 cm
8 cm
9 cm
10 cm
11 cm
12 cm
13 cm